Günter A. Menne

30 Minuten

Gutes Coaching

Bibliografische Information der Deutschen Nationalbibliothek
Die Deutsche Nationalbibliothek verzeichnet diese Publikation in der Deutschen Nationalbibliografie; detaillierte bibliografische Daten sind im Internet über http://dnb.d-nb.de abrufbar.

Umschlaggestaltung: die imprimatur, Hainburg
Umschlagkonzept: Martin Zech Design, Bremen
Lektorat: Eva Gößwein, Berlin
Grafiken: Max von Velsen, Köln
Autorenfoto: Heike Fischer, Köln
Satz: Zerosoft, Timisoara (Rumänien)
Druck und Verarbeitung: Salzland Druck, Staßfurt

Hinweis:
Das Buch ist sorgfältig erarbeitet worden. Dennoch erfolgen alle Angaben ohne Gewähr. Weder Autor noch Verlag können für eventuelle Nachteile oder Schäden, die aus den im Buch gemachten Hinweisen resultieren, eine Haftung übernehmen.

Printed in Germany

ISBN 978-3-86936-918-1

In 30 Minuten wissen Sie mehr!

Dieses Buch ist so konzipiert, dass Sie in kurzer Zeit prägnante und fundierte Informationen aufnehmen können. Mithilfe eines Leitsystems werden Sie durch das Buch geführt. Es erlaubt Ihnen, innerhalb Ihres persönlichen Zeitkontingents (von 10 bis 30 Minuten) das Wesentliche zu erfassen.

Kurze Lesezeit

In 30 Minuten können Sie das ganze Buch lesen. Wenn Sie weniger Zeit haben, lesen Sie gezielt nur die Stellen, die für Sie wichtige Informationen beinhalten.

- Alle wichtigen Informationen sind blau gedruckt.

- Schlüsselfragen mit Seitenverweisen zu Beginn eines jeden Kapitels erlauben eine schnelle Orientierung: Sie blättern direkt auf die Seite, die Ihre Wissenslücke schließt.

- *Zahlreiche Zusammenfassungen innerhalb der Kapitel erlauben das schnelle Querlesen.*

- Ein Fast Reader am Ende des Buches fasst alle wichtigen Aspekte zusammen.

- Ein Register erleichtert das Nachschlagen.

Inhalt

Vorwort

Sie stehen an einem Wendepunkt. Vor einer beruflichen Herausforderung. An der Schwelle zu einer Veränderung. Vielleicht unter hohem persönlichem Druck am Arbeitsplatz – in einer von „klassischen" Konstellationen wie diesen: Sie fühlen sich von Ihrem Vorgesetzten nicht ausreichend unterstützt. Als Führungskraft stehen Sie im Konflikt mit einem Mitarbeiter. Eine wichtige Entscheidung sollte interessenfrei bedacht werden. Als Chef/-in fehlt Ihnen ein Sparringspartner auf Augenhöhe, mit dem Sie sich vertraulich austauschen können. Sie fragen sich, ob das spannende Angebot auf dem Karriereweg sich als Sackgasse erweisen könnte – oder doch als die ersehnte neue Chance!

In fordernden Situationen wie diesen (und anderen) könnte Ihnen ein Coaching die Unterstützung bieten, die Sie jetzt brauchen. Doch der Markt ist schillernd – was wird da nicht alles beworben: Vom Mental-Turbo bis zu gefährlichen Heilsversprechen windiger Life-Coaches der Esoterik-Szene reichen die Offerten, von Hunde- oder Koch-Coachings einmal ganz abgesehen. Zweifellos ist der Begriff „Coaching" heutzutage zu einer Worthülse für alles Mögliche und Unmögliche an Beratung geworden ...

Dieses Buch klärt die Begriffe, ordnet das Angebot und gibt Antworten auf die wichtigsten Fragen, die sich Ihnen – im Spannungsfeld „Mensch–Arbeit" – auf der nicht einfachen Suche nach einem guten Coaching stel-

len: Welche Fähigkeiten zeichnen einen kompetenten Coach aus? Wie testen Sie Qualität, bevor Sie sich auf eine Zusammenarbeit einlassen? Wer passt zu Ihnen? Welche Methoden kommen in einem Coaching zur Anwendung? Worin unterscheidet sich ein Coaching von Training oder Fachberatung oder Therapie? Was darf es kosten? Wie viel Zeit müssen Sie dafür investieren? Was muss ein Coaching am Ende gebracht haben? An welchen Kriterien messen Sie diesen Erfolg?
Gezielt richtet sich dieser Coaching-Guide an Privatpersonen in beruflicher Verantwortung, an junge Leute, die noch am Anfang ihres Weges stehen, und an Frauen und Männer, die sich in späteren Jahren neu orientieren wollen. Aber auch dann, wenn Ihnen Ihr Unternehmen ein Coaching anbietet, wird Ihnen dieser Leitfaden dabei helfen, souverän zu klären, was Ihnen nützt und wie Sie „in Sachen Coaching" die Spreu vom Weizen trennen.

„Gutes Coaching" wünscht Ihnen

Günter A. Menne

30 MINUTEN

Worin unterscheidet sich Coaching von anderen Beratungsformaten?
Seite 10

Was bedeutet der oft gehörte Begriff „systemisch“ eigentlich genau?
Seite 15

Welches Menschenbild sollte jedem Coaching zugrunde liegen?
Seite 19

1. Alles Coaching, oder was?!

Lassen Sie uns gleich am Anfang mit einem Irrtum aufräumen, dem nicht bloß die Zuschauer von RTL II aufsitzen: Ein Coach ist keine Super-Nanny, die einfach mal so durch Ihr Leben fegt und – gegen ein (fürstliches) Honorar – die Dinge für Sie in Ordnung bringt. Genau diese Vorstellung aber nähren jene populären TV-Sendeformate, in denen vermeintlich allwissende Experten Frau Meier erklären, wie sie ihre Probleme mit dem Boss, den Finanzen, dem Gatten oder dem Hund – zack, zack! – in den Griff kriegt. Hier und da kursiert das Märchen sogar noch in Chefetagen, wo man den Coach ruft, der es richten und Herrn Müller vom Vertrieb mal wieder ordentlich in die Spur bringen soll. Ein Coach ist kein Heilsbringer, kein Ratgeber und auch kein Lehrer. Beim Coaching geht es um Hilfe zur Selbsthilfe – durch kräftige Anstöße zur eigenen Erkenntnis, zur persönlichen Entwicklung. Alles Coaching, oder was?! Lassen Sie uns also gemeinsam klären, was Coaching ist. Und was nicht.

1.1 Keine Beratung, kein Training – Entwicklungshilfe!

Ein Coaching geschieht immer auf Augenhöhe – und freiwillig. Als Kunde sind Sie der Experte für Ihre Belange! Ein Coach unterstützt Sie dabei, Ihr Problem zu analysieren, Ihre Möglichkeiten auszuloten und Ihre Lösung zu finden. Der Coach gestaltet einen zielführenden Prozess, für dessen Rahmung und Durchführung er die Verantwortung trägt. Dabei bestimmen Sie, wohin die Reise geht – und nicht der Coach!

Das Bild der Reise deutet schon darauf hin: Der englische Begriff „Coach" leitet sich vom „Kutscher" ab, dem sich der Fahrgast anvertraut, um ans Ziel zu gelangen. Die ersten „Coaches" treten Ende des 19. Jahrhunderts in der akademischen Welt des englischen Amateursports auf. Kennzeichnend für das neue Berufsfeld des Coachs war, dass dieser sich auch um die mentale Verfassung, das heißt ganzheitlich um die Entwicklung des Potenzials des Athleten kümmerte. Und der betrieb seinen Sport damals nie als Profi, sondern zur Bildung der Persönlichkeit. Genau das kommt in einem Coaching bis heute zum Tragen: Coaching ist Entwicklungshilfe!

Anders jedoch als in der elitären Sphäre britischer Universitäten wird berufsbezogenes Coaching – und davon ist hier stets die Rede – heute definiert als „professionelle Beratung, Begleitung und Unterstützung von Personen in Führungs- und Steuerungsfunktionen und von Experten in Organisationen" (Wolff, 2010, S. 18). Dabei nehmen auch Freiberufler oder Persönlichkeiten in Verantwortung an anderer Stelle Coaching in Anspruch oder denken darüber nach. Immer geht es in einem Business-Coaching um das Spannungsfeld „Mensch–Arbeit". Dort kommen gezielte Interventionen lösungsorientiert zum Einsatz, um eine berufliche Situation zu bearbeiten – und dazu gehören auch deren Auswirkungen auf den gesamten Lebenskontext.

Der gute Coach: Ein fremder Freund

Ein guter Coach gestaltet passgenau einen individuellen Beratungsprozess: vertraulich, dialogisch, offen. Zum Einsatz kommen systemische „Werkzeuge" wie Visualisierungen oder handlungsorientierte Verfahren. Diese unterstützen Sie darin, Haltungen, Rollen, Normen, Muster und Glaubenssätze zu reflektieren – und zu justieren. Ein guter Coach lenkt Ihren Blick auf den „blinden Fleck" und fördert Ihre Entschlusskraft, mit der Sie Ihr Ziel selbst erreichen. Er erweitert Ihr System auf Zeit. Dabei vermeidet er, dass Abhängigkeiten entstehen oder gefördert werden, wie es bei einem Schattenmanager eines Firmenchefs oder (noch schlimmer) einem Guru der Fall wäre. Niemals spielt er sich als Retter auf oder versteigt sich in die Rolle des Therapeuten. Er hält in der Sache selbst keine „Aktien" und ist allein Ihrem Wohl verpflichtet.

Einer meiner Kunden hat das, was einen guten Coach am Ende wohl ausmacht, einmal mit diesem Satz umschrieben: „Der Coach ist der fremde Freund." Mit ihm zusammen wirken Sie als Coachee, also als derjenige, der gecoacht wird, in jedem Augenblick selbstbestimmt und eigenverantwortlich in einem paritätischen Arbeitsbündnis mit und stehen für Ihr Ergebnis ein. Es ist diese Qualität, die gutes Coaching im Kern definiert.

Unterscheidung von anderen Formaten

Weitere Beratungsformate bieten ebenfalls Lösungen bei Problemen. Einige davon grenzen sich deutlich von Coaching ab, andere können, von Fall zu Fall, auch als Maßnahmen in einem Coaching zum Einsatz kommen.

Abb. 1: Abstandshalter Coaching

Der „Abstandshalter Coaching" veranschaulicht die Nähe und Ferne vier relevanter Beratungsformate zum Coaching und zeigt auf, wo es bisweilen Überschneidungen geben kann und welche Grenzen ein seriöser Coach beachtet.

Supervision
Coaching und Supervision ähneln sich zwar auf den ersten Blick, doch haben sie unterschiedliche Zielgruppen: Supervision richtet sich meist an Profis (Sozialarbeiter, Therapeuten, Berater) und Teams, die ihrerseits mit Klienten oder Patienten arbeiten. Da geht es um die „Persönlichkeit des Professionellen" (Schreyögg, 2007, S. 25) – die aber auch im Coaching gefördert wird.

Training
Das Erlernen von Abläufen, Fertigkeiten und Verhalten steht beim Training im Mittelpunkt – denken Sie nur an Verkaufstechniken oder an ein „Mikrofon-Training" für Manager, die ihre Zahlen in Pressekonferenzen vorstellen. Als Einheit im Coaching kann Training von Nutzen sein, etwa beim Thema „Krisenfestigkeit".

Beratung
Wenn Sie einen Rechtsanwalt beauftragen, dann erwarten Sie eine fachliche Lösung – nicht Hilfe zur Selbsthilfe. Auch der Ernährungs- oder Schuldnerberater sagt Ihnen, wie Sie schlanker werden bzw. Ihr Konto voller. Klassische Beratung funktioniert vertikal (von oben nach unten), Coaching horizontal – auf einer Ebene, von Gleich zu Gleich.

Mediation
Hier dreht sich alles um die Schlichtung von Streitigkeiten, oft unter juristischen Gesichtspunkten. Ziel ist eine

einvernehmliche Lösung (vgl. Schreyögg, 2007, S. 26). Die Bearbeitung von Konflikten kann auch in einem Coaching ein Thema sein. Es wird da aber um die Förderung der Konfliktlösungskompetenz der Beteiligten gehen.

Mentoring

Wenn eine erfahrene Führungskraft einer Nachwuchskraft zur Seite steht oder eine neue Kollegin berät und ihr Firmenkultur und -wissen vermittelt, dann spricht man von einem Mentoring (ebd.). Coaching kann als Einzelmaßnahme in einem Mentoring zum Tragen kommen – aber nicht umgekehrt.

Führung

Um es klar zu sagen: „Führen und Coachen sind unterschiedliche Funktionen, die nicht austauschbar sind" (Schreyögg, 2017, S. 25). Denn die Führungskraft steht in einem hierarchischen Verhältnis zum Mitarbeiter und vertritt Firmeninteressen. Das bedeutet Abhängigkeit auf der einen Seite und Macht auf der anderen. Coaching bedeutet Wahlfreiheit: des Coachs, des Ziels, des Themas.

Therapie

Psychotherapie bedeutet wörtlich „Behandlung der Seele". Damit ist klar: Krankheiten, Störungen oder Abhängigkeiten sind Sache von Therapeuten – und nicht von Coaches. Diese müssen aber schnell erkennen können, ob bei einem Kunden eine seelische Krankheit oder eine Suchtproblematik vorliegt, welche die beruflichen Schwierigkeiten mit bedingt. Besondere Vorsicht ist geboten, wenn beim Coach der Verdacht aufkommt, dass der Klient eine Depression – als Ursache eines sogenannten „Burn-outs“ – durch ein Coaching zu „kurieren“ sucht: In dem Fall ist zwingend medizinische Hilfe angesagt! Und erst danach vielleicht ein Coaching zur Klärung neuer Perspektiven.

Coaching ist ein Arbeitsbündnis auf Augenhöhe. Ziel ist die Entwicklung von Potenzial – durch Hilfe zur Selbsthilfe. Dadurch unterscheidet sich Coaching von Training oder Beratung. Business-Coaching fokussiert sich stets auf Anliegen im Spannungsfeld „Mensch–Arbeit“.

30

1.2 Wertmarke oder Etikett: Was bedeutet „systemisch“?

Kunden werden kaum einen Coach finden, der nicht mit dem Label „systemisch“ wirbt. Das ist eine Wertmarke – wenn sie nicht nur als Etikett benutzt wird: Der systemische Blick erfasst Klient und Problem nicht auf die Person fokussiert. In Betracht kommt das Ganze, der Kontext, in dem jeder mit anderen in sozialen Bezügen interagiert. Mit anderen Worten, wir wirken in Systemen, so wie umgekehrt Systeme auf uns einwirken. Ein Bild macht diese Wechselwirklung anschaulich: Berühren wir ein Element eines Mobiles, gerät das ganze Gebilde in Bewegung. Doch lebendige Systeme – anders als ein Mobile – haben darüber hinaus noch ein paar Eigenschaften, die es sich lohnt, näher anzusehen: Machen wir einen Ausflug in die Systemtheorie, um deren Anwendung im Coaching anschaulich zu machen und den oft gehörten Begriff „systemisch“ präzise zu klären. Keine Sorge, es wird dabei weder schwierig noch langweilig: Auch Wissenschaft kann einfach und spannend erzählt werden!

Systemtheorie

Jeder Organismus stellt ein – in seiner Form abgegrenztes – Ganzes von Elementen dar, das sich permanent selbst erneuert und erschafft. Diese Tatsache hat der chilenische Neurobiologe Humberto Maturana (geb. 1928) beschrieben: Das Sein und das Tun lebender Wesen sind stets untrennbar zu einer Einheit verschmolzen. Und diese lebendige Einheit entscheidet in jedem Moment selbst darüber, was sie an Impulsen (etwa an Nährstoffen) aus der Umwelt aufnimmt und was nicht. Dasselbe gilt für die Verarbeitung von Informationen (Maturana, Varela, 1987, S. 56).

Soziale Systeme

An dem Punkt dockt der Vater der soziologischen Systemtheorie Niklas Luhmann (1927–1998) an die Gedanken des Biologen Maturana an und überträgt sie auf die Arbeit mit sozialen Systemen. Was davon für „Coaching" wichtig ist, lässt sich kurz in drei Punkten zusammenfassen:

- Soziale Systeme existieren durch Kommunikation (Luhmann, 1986, S. 269): Wir tauschen im Alltag Informationen aus und hoffen auf ein wechselseitiges Verstehen! Niemals können wir sicher sein, was und wie eine Aussage beim anderen ankommt ... „Der Hörer, nicht der Sprecher, bestimmt die Bedeutung einer Aussage" (Foerster, von, 1998, S. 100).
- Soziale Systeme gibt es auch in Form psychischer Systeme – schalkhaft gesagt: wir und unser Gehirn! Ein echtes Dream-Team. Immerzu erliegen wir der Neigung, die Komplexität von Erfahrungen zu verringern. Dazu bedienen wir uns einer bewährten Methode: Wir sind andauernd dabei, denkend und deutend Sinn zu erzeugen (Luhmann, 1984, S. 95).
- Soziale wie auch psychische Systeme haben aber Sinn-Grenzen (ebd.). Für das Miteinander in der Firma, im Freundeskreis, in der Familie heißt das: In verschiedenen Welten versuchen wir, viele Anforderungen in vielen Rollen zu bewältigen. Dabei bleiben wir immer die eine Person, die wir sind!

Radikaler Konstruktivismus

Halten wir fest: Jeder schaut auf sich und seine Welt, deutet sie und baut an ihr herum – mit oft verrückten Folgen! Davon erzählt die Geschichte vom Mann mit dem Hammer von Paul Watzlawick (1921–2007), einem der Begründer des „Radikalen Konstruktivismus", welcher zusammen mit der Systemtheorie modernes Coaching geprägt hat.

Die Geschichte vom Mann mit dem Hammer
Ein Mann will ein Bild aufhängen. Er findet einen Nagel, aber keinen Hammer. Bestimmt hat der Nachbar einen! Den könnte er ausleihen. Doch was, wenn der Nachbar sich weigert? Gestern grüßte er schon so kurz. War er in Eile? Oder tat er nur so? Was hat er bloß gegen ihn? Leute wie der versauen einem den Tag. Da platzt ihm die Hutschnur. Er rennt rüber, klingelt, der Nachbar öffnet, doch bevor der nur ein Wort sagen kann, schallt es ihm entgegen: Behalten Sie doch Ihren Hammer! (Nach Watzlawick, 2009, S. 37ff.)

Wie funktioniert Erkenntnis?

Im Fokus des Radikalen Konstruktivismus steht die Beantwortung dieser beiden Fragen: Was ist Erkenntnis? Wie erwerben wir Wissen über Wirklichkeit? Die Story vom Mann mit dem Hammer illustriert, auf welch kuriose Weise das oft geschieht – und wie wir dabei funktionieren: Fakten werden angereichert mit Spekulationen, die sich am Ende zu einem Bild verdichten. Immer sind wir *Akteure* und *Beobachter zugleich.* Der Mann mit dem Hammer *konstruiert* sich das Zusammentreffen mit seinem Nachbarn *radikal* subjektiv – so setzt sich der Begriff „Radikaler Konstruktivismus" zusammen. Dabei spielen drei Leistungen des Gehirns zusammen: Wahrnehmung, Erinnerung und Vorstellung. Mit diesen Zutaten mixen wir Informationen aus der Wirklichkeit zu *unserer* Wirklichkeit.

Ein Geflecht von gefühlten Überzeugungen

Im Coaching hat sich der Radikale Konstruktivismus – zusammen mit der Systemtheorie – als ein hilfreiches Erkenntnismodell erwiesen. Denn das Geflecht von gefühlten Überzeugungen, Glaubenssätzen und Deutungen zu entwirren, ist häufig die Aufgabe. Damit liegt die Überlegenheit des systemischen Coachings auf der Hand – bei der Klärung von Konflikten in Teams oder bei der Veränderung von hemmenden Denkmustern, die wir uns oft über lange Zeiträume hin zu eigen gemacht haben. Gutes Coaching ist immer systemisches Coaching – doch nicht allein das.

Im systemischen Coaching kommt der Mensch mit seinem Anliegen im beruflichen und allgemeinen Kontext in den Blick – und seine Konstruktionen, die er sich baut: Sie werden bewusst gemacht und methodisch geklärt.

1.3 Fundament jeden guten Coachings: Das Menschenbild

Wenn Denkmuster analysiert werden und Zusammenhänge systemisch geklärt, werden wir also zu Beobachtern unserer subjektiven Wirklichkeit. So gelangen wir auch zum besseren Verstehen von Kommunikation. Das Infragestellen des eigenen Standpunktes ermöglicht dabei oft erst die Lösung – etwa eines Konflikts. In dem Fall kann der Coach die Rolle eines „Sparringspartners“ einnehmen, der den Klienten zum Wechsel seiner Perspektive herausfordert.

Wie frei ist der Mensch?

Das erfordert Vertrauen und Offenheit – und beim Coach eine reflektierte Grundhaltung. Diese muss in einem Menschenbild verankert sein, das die Selbstkompetenz des Klienten bejaht und seine Selbstverantwortung betont. Das sichert die Parität von Coachee und Coach. In einem Coaching kann der Klient mit starken Gefühlen konfrontiert werden. Denen begegnet der gute Coach mit Respekt, Einfühlsamkeit und professioneller Distanz. Jedes Menschenbild gründet auf einer Vorstellung vom Wesen des Menschen und stellt Fragen wie diese: Was macht die Würde des Menschen aus? Wie frei oder bedingt ist der Mensch?

Humanistische Psychologie

Hier kommt nun eine dritte Kraft in den Blick, die – neben dem „Systemischen“ und dem „Konstruktivistischen“ – für die Entwicklung von Coaching prägend war: die Humanistische Psychologie. Als einer ihrer Begründer gilt der amerikanische Psychologe und Therapeut Carl Rogers (1902–1987). Zusammen mit Kollegen hatte er Anfang der Sechzigerjahre Kritik geübt an damals in der Therapeuten- und Beraterszene vorherrschenden mechanistischen Ansätzen:

- Der Mensch sei ein bedingtes, also unfreies Wesen, das Reiz-Reaktions-Mechanismen von außen unterworfen sei, so die Annahme des verhaltensorientierten Behaviorismus.
- Der Mensch sei von innen durch seine Grundtriebe bedingt, so die Annahme der naturwissenschaftlich orientierten Psychoanalyse.

Nun reagieren wir Menschen auf Belohnung und Bestrafung. Wir lernen durch Erziehung, Bedürfnisse zu kontrollieren, Lust und Schmerz zu sublimieren. Und wir bleiben ein Leben lang geprägt durch unsere Familien. Doch Rogers und seine Mitstreiter erweiterten die Sicht auf jene Grundtatsachen, indem sie auf die Kraft und Freiheit des Menschen setzten, sein Leben zu jeder Zeit neu in die Hand zu nehmen – durch selbstreflexives Lernen. Zugleich suchten sie, diese Kraft bei ihren Klienten zu fördern (vgl. ff.: www.carlrogers.de/grundhaltungen-personenzentrierte-gespraechstherapie.html).

Von Scham und Wut übermannt …

Wer hat das nicht schon einmal erlebt: Plötzlich werden wir von Emotionen wie Scham, Wut oder Angst mitten im Alltag getroffen. Zum Beispiel im Büro, wenn uns im Streit mit dem Chef alte Gefühle der Ohnmacht von Kindheitstagen her überwältigen. In dem Moment sind unsere Möglichkeiten eingeschränkt, weil frühere Erfahrungen wiedererweckt werden. Rogers‘ gute Nachricht für uns lautet: Kein Mensch muss der Gefangene seiner Gefühle bleiben. Diese befreiende Sicht beruht auf drei Grundannahmen – lassen Sie mich Ihnen diese am Beispiel des Scheiterns erläutern:

- *Erstens,* der Mensch ist in jedem Moment frei, sich neu zu entscheiden und einen anderen Weg einzuschlagen, wenn sich der vorige als Sackgasse erwiesen hat.
- *Zweitens,* nie scheitert der Mensch als ganzer, sondern nur ein konkretes Vorhaben oder sein Handeln in einer bestimmten Situation.
- *Drittens,* der Mensch besitzt aufgrund eines angeborenen Strebens die Fähigkeit zur eigenständigen Problemlösung, und zwar durch die Chance seiner Selbstaktualisierung, wie Rogers das genannt hat.

Die größte Hürde, die wir bei jener Selbstaktualisierung nehmen müssen, ist der Sprung aus der Haft unserer Gefühle und unserer Gedanken über uns selbst, die wir durch Erziehung und Erfahrung als Prinzipien und Glaubenssätze verinnerlicht haben. Ob wir ein positives oder negatives Selbstkonzept entwickeln konnten, stand nicht in unserer Macht! Ob uns die Menschen, denen wir anvertraut waren, mit Wertschätzung begegneten oder nicht, entzog sich unserem Einfluss. Ob wir als Kinder lernen durften, Wut oder Trauer zuzulassen, entschied mit darüber, ob wir uns als Erwachsene heute im Scheitern mit Selbstachtung begegnen können oder nicht.

Scheitern als Chance, nicht als Schicksal

Wer in einem Coaching lernt, sein Scheitern nicht als Schicksal, sondern tatsächlich als Chance der Selbstaktualisierung zu begreifen und zu nutzen (vgl. Arnet, 2017), der stellt sich diesen Einsichten und den Wahrheiten seiner Person mit Milde und Tapferkeit. Denn erst mit dieser *Haltung* steigt die Wahrscheinlichkeit, dass es gelingt, in neuer Freiheit Verantwortung für die eigene weitere Entwicklung zu übernehmen. Wenn wir uns mitteilen, können wir zu uns selbst gelangen – das ist eine weitere der Grundannahmen des Gesprächstherapeuten Carl Rogers und der Humanistischen Psychologie, die Coaching wesentlich inspiriert hat.

Coaching ist ein Arbeitsbündnis auf Augenhöhe, das auf die Entwicklung von Potenzial durch Hilfe zur Selbsthilfe abzielt. Business-Coaching konzentriert sich dabei auf Anliegen im Spannungsfeld „Mensch–Arbeit“.

Gutes Coaching ist systemisches Coaching! Darin kommen Person und Problem im beruflichen wie im allgemeinen Kontext in den Blick, und auch die Konstruktionen, sprich Vorstellungen, die wir uns darüber machen.

Ein guter Coach öffnet den Weg zur Selbstaktualisierung. Seine Arbeit gründet auf einem Menschenbild, das die Selbstkompetenz und Verantwortung des Klienten bejaht: Der Mensch ist in jedem Moment frei, neu zu wählen.

30 MINUTEN

2. Schein oder Sein? Der erste Eindruck

Sprichwörter verdichten Lebenserfahrungen oft über viele Generationen hin zu Lebensweisheiten. Nicht alle mögen vielleicht mehr als Wegweiser durch die moderne Welt taugen, dieses hier aber schon: Der erste Eindruck zählt – jedenfalls auf der Suche nach einem guten Coach. Nach der 3. Marburger Coaching-Studie (2013) werben rund 8.000 Coaches in Deutschland um Kunden. 59 Prozent von diesen sind als Einzelkämpfer unterwegs (www.coaching-report.de/coaching-markt.html) – darunter manche mit zweifelhaften Offerten. Denn die Berufsbezeichnung „Coach" ist nicht geschützt! Kein Wunder, dass Schein und Sein eines Coachs für Klienten oft schwer zu unterscheiden sind – frei nach Wilhelm Busch: „Du siehst die Weste, nicht das Herz." Woran aber Sie schon (fast) auf den ersten Blick souverän erkennen können, ob unter der prächtigen Weste eines Coachs auch ein professionelles Herz schlägt, das klären wir auf den nächsten Seiten – mit Sicherheit!

2.1 Der ehrbare Coach und sein seriöser Geschäftsbetrieb

Was unter Hanseaten schon immer für den ehrbaren Kaufmann galt, das gilt auch für den ehrbaren Coach. Er handelt verantwortungsbewusst und tugendhaft, mit anderen Worten: Er wirkt zum Wohle seiner Kunden, worin er die Garantie seines eigenen – nachhaltigen – Geschäftserfolgs sieht. Das bedeutet: Er bietet nur das an, was er hat. Und er tut nur das, was er kann! Sein Fundament ist ein reiches Fachwissen, das er nachweislich erworben hat. Und dessen Grenzen er kennt. Dazu müssen Praxis und Erfahrung kommen, die er belegen kann – und ein „gefestigte[r] Charakter" (de.wikipedia.org/w/index.php?title=Ehrbarer_Kaufmann&oldid=180693715). Dieser zeigt sich sowohl beim ehrbaren Kaufmann als auch beim ehrbaren Coach in seinen gelebten Werten, allen voran der Ehrlichkeit und der Menschlichkeit.

Kriterien für einen ordentlichen Geschäftsbetrieb

Diesen guten Geist muss eine Coaching-Praxis, die Sie als Kunde betreten, für Sie gleich spürbar „atmen" – schon beim Besuch der Website und dann beim ersten Kennenlernen vor Ort. Durch Fakten (statt durch Sprüche) und Taten (saubere Terminabsprache, gute Vorbereitung, freundliche Begrüßung) sollte dieser Geist dann konkret Gestalt annehmen. Den ordentlichen Geschäftsbetrieb eines seriösen Coachs erkennen Sie untrüglich an einigen Kern-Kriterien, wenn Sie sich an die folgenden Empfehlungen halten:

- Achten Sie auf **einen professionellen Geschäftsauftritt**. Dazu gehört zunächst eine Geschäftsadresse, unter der Sie gepflegte Räumlichkeiten mit einer gediegenen Ausstattung antreffen. Und eine gut funktionierende und informative Homepage – mit Impressum und Allgemeinen Geschäftsbedingungen sowie der Steuernummer.
- **Referenzen von Kunden** über eine nicht bloß „hobbymäßig" betriebene, erfolgreiche Fachtätigkeit sind eines der wichtigsten Kriterien. Auch qualifizierte Veröffentlichungen sind Referenzen mit Aussagekraft.
- Seriöse **Coaches dürfen keiner Sekte angehören** oder esoterische Praktiken anwenden. Wer als Kunde da sichergehen will, grenzt seine Suche von Anfang an auf Coaches bekannter Berufsverbände wie zum Beispiel des Deutschen Bundesverbands Coaching e. V. (DBVC) ein, dessen Mitglieder eine sogenannte „Scientology-Klausel" unterschreiben müssen (www.dbvc.de).
- **Meiden Sie „Alleskönner".** Nicht jeder Coach beherrscht jedes Thema gleich gut. Seriöse Coaches weisen Arbeitsschwerpunkte aus und werden von sich aus Aufträge ablehnen, wenn sie nicht über die geforderte spezielle Kompetenz verfügen – davon gleich mehr ...

- Kein Witz, sondern Realität im Internet: Dort preisen sich Coaches und Therapeuten als universelle Problemlöser in allen Lebenslagen an, die einen aus jedem Loch holen und zu jedem erdenklichen Erfolg führen können. Das spricht für sich ... Doch auch in weniger klaren Fällen gilt: **Werden Sie misstrauisch, wenn ein Coach mit einem schillernden „Portfolio" wirbt**, in dem von Therapie (gerne auch heilpraktischen Anwendungen) bis Lebensberatung alles Erdenkliche angeboten und auch noch verknüpft wird! Wie Sie das Format „Coaching" klar und sicher von anderen Beratungsformaten oder auch von Psychotherapie unterscheiden, haben Sie ja schon gelernt.
- Stets sollte das **Erstgespräch kostenfrei** sein. Wenn das bereits auf der Website des Coachs zugesagt wird, ist das schon ein guter Hinweis auf Qualität.

In jedem Fall rate ich Ihnen: Prüfen Sie mehrere Angebote und führen Sie im Zweifelsfall zwei oder drei Erstgespräche, bevor Sie sich entscheiden: Der Erfolg jeden Coachings basiert wesentlich auf der Beziehungsqualität des Arbeitsbündnisses, das Sie auf Zeit schließen.

30 *Der erste Eindruck zählt! Der ehrbare Coach führt einen ordentlichen Geschäftsbetrieb. Er zeigt schon auf seiner Website ein klares Profil: Er bietet nur das an, was er kann – und auch belegen kann, zum Beispiel durch Referenzen. Meiden Sie „Al-*

leskönner". Achten Sie auf ein kostenfreies Erstgespräch. Prüfen Sie mehrere Angebote.

2.2 Was ein Coach können muss: Schlüsselkompetenzen

Wenn Sie der erste Eindruck überzeugt hat, gilt es, die Fähigkeiten Ihres potenziellen Bündnispartners genauer unter die Lupe zu nehmen: Wie können Sie sichergehen, dass Ihr Coach auch über die erforderlichen Schlüsselkompetenzen verfügt? Der gut ausgebildete Coach besitzt sechs Basisqualifikationen, über die auch Sie als Kunde Bescheid wissen sollten (vgl. ff.: Pallasch, Petersen, 2005, S. 36), um ihn im Erstgespräch gezielt danach fragen zu können.

1. Praxiskompetenz

Coaches anerkannter Berufsverbände haben oft ein abgeschlossenes Studium. Dabei ist zweitrangig, ob es sich um Betriebswirtschaft, Psychologie, Medizin oder um eine Geisteswissenschaft handelt: Die Zugänge zum Beruf sind verschieden. Jeder Coach wird andere Arbeitsschwerpunkte setzen. Unerlässlich für den Business-Coach ist eigene Leitungserfahrung in Unternehmen oder Organisationen über viele Jahre. Und diese Anforderung bringt es mit sich, dass ein Coach in der Regel schon über einige Dekaden an Lebenserfahrung verfügt.

2. Sozialkompetenz

Ein guter Coach wird Ihnen mit einer Haltung begegnen, die von drei Beziehungsqualitäten geprägt ist: Empathie, Akzeptanz und Kongruenz. Er kann sich in sein Gegenüber einfühlen, das er offen und (vor-)urteilsfrei annimmt. Er muss seine Rolle kennen und mit ihr übereinstimmen: Er widersteht jeder Versuchung, eigene „Größe" durch Überlegenheit zu demonstrieren.

3. Selbstkompetenz

Auf Wegen professioneller Selbsterfahrung (Supervision, ggf. Psychoanalyse) hat der Coach den eigenen Schatten geklärt, was bedeutet: Er hat erkundet, was sich hinter seiner „Theatermaske" – die wir alle tragen – eines idealen Selbstbildes seiner Person verbirgt. So ist er zur Wahrhaftigkeit gegenüber sich selbst gelangt, mit der er als Coach auch seinen Kunden gegenübertritt.

4. Theoriekompetenz

Damit ist eine Sattelfestigkeit in den wichtigsten Meta-Theorien gemeint, auf denen Coaching gründet: ein unideologisches Menschenbild, geprägt vom Glauben an die Fähigkeit des Klienten, zu jeder Zeit frei seine Wahl neu zu treffen. Systemisch geschult, bezieht der gute Coach stets den Kontext ein, in dem sich ein Problem zeigt. Bei dessen Reflexion macht er gedankliche und gefühlte Konstruktionen des Klienten sichtbar.

5. Feldkompetenz

Man kann es griffig mit einem Satz sagen: „Erkennen setzt Kennen voraus“ (www.coaching-magazin.de/beruf-coach/feldkompetenz-im-coaching), sprich: Wer sich als Coach etwa auf die Arbeit mit Führungskräften der Medienbranche spezialisiert hat, der sollte sich darin auskennen. Das erleichtert ein rasches Verständnis der Sache und vermittelt „Stallgeruch“: Schauen Sie sich die Berufsbiografie Ihres Coachs an, wenn es auf spezielle Themen ankommt, die Sie mit ihm bearbeiten wollen.

6. Methodenkompetenz

Für seine Arbeit benötigt der solide ausgebildete Coach auch psychologisches Fachwissen: Er muss über die für ihn relevanten Konzepte und deren Anwendung (in den Grenzen seiner Zunft, dem Coaching) genau Bescheid wissen: Die roten Linien, welche das Fachgebiet der Psychotherapie markieren, werden dabei von ihm niemals überschritten! Den „Modellbaukasten“, aus dem er sich mit dem Handwerkszeug passender Coaching-Methoden bedienen darf, stellt ihm die Schule der Humanistischen Psychologie zur Verfügung – für Sie ja schon keine Unbekannte mehr.

Exkurs: Psychologische Verfahren

Es würde den Rahmen sprengen, hier einzelne Modelle zu vertiefen. Zusammenfassend lässt sich jedoch sagen: Alle Konzepte – egal ob die Gestalttherapie (Fritz Perls), das Psychodrama (Jakob Levy

Moreno) oder die Logotherapie (Viktor E. Frankl) und die Transaktionsanalyse (Eric Berne), um nur vier der wichtigsten zu nennen – sind lösungsorientierte Verfahren. Sie bieten Tools, die in kurzer Zeit zu effektiven Ergebnissen führen. Im Hier und im Jetzt geht es immer um das Beobachten, Beschreiben, Benennen, Verstehen und Verändern von Glaubenssätzen, Verhaltensmustern und Interaktionen mit anderen Menschen. Das hilft enorm, jene „Spiele für Erwachsene" zu durchschauen, mit denen wir in den „Sandkästen" unserer Büros bisweilen beschäftigt sind. Und es ermöglicht dem Einzelnen, seine Fähigkeit zur Selbststeuerung zu stärken, nach dem Sinn seines Tuns zu fragen und klare Entscheidungen zu treffen. Dazu bittet ein Coach Sie aber nicht etwa auf die Couch, sondern setzt Sie vielleicht auf zwei Stühle, auf denen sich (nacheinander!) das Für und Wider einer Option gleich spüren lässt: Diese Methode werden Sie im 4. Kapitel näher kennenlernen. Fragen Sie den Coach Ihrer Wahl danach, wo und wie er sein psychologisches Rüstzeug erworben hat!

30 *Neben der Ausbildung zum Coach hat dieser oft ein Hochschulstudium absolviert und verfügt über eigene Leitungserfahrung. Seine Haltung ist geprägt von Empathie und Akzeptanz. Durch professionelle Selbsterfahrung hat er sich und seine Rolle geklärt. Er beherrscht ausgewählte psychologische Verfahren. Spezialthemen erfordern Feldkompetenz.*

2.3 Geprüfte Sicherheit durch zertifizierte Expertise

Ein Siegel „Geprüfte Sicherheit" suchen Kunden auf dem Coaching-Markt zwar vergeblich. Doch bieten Coaching-Verbände einen Filter für die sichere Suche nach einem qualifizierten Anbieter: Dort können nur Coaches Mitglied werden, die bestimmte – zum Teil hohe – Zugangsvoraussetzungen erfüllen.

Coaching-Ausbildungen

Standard ist der Abschluss einer Coaching-Ausbildung von mindestens 200 Stunden über mindestens ein Jahr; hinzu kommen Praxis und Supervision. Auch Universitäten bilden Coaches aus – in Vollzeit oder berufsbegleitend. Daneben bieten Industrie- und Handelskammern (IHK), private Institute und Akademien Ausbildungen an, die von den Coaching-Verbänden anerkannt werden.

Coaching-Verbände

Alle Verbände verfolgen das Ziel, die Professionalisierung des Berufsbildes „Coach" weiter voranzutreiben. Dabei legen sie die Latte für eine Mitgliedschaft verschieden hoch. Ohne Ausnahme gelten – über den Abschluss einer Coaching-Ausbildung hinaus – folgende Kriterien für eine Zertifizierung:

- Vorlage eines professionellen Coaching-Konzepts, in dem die Standardtheorien bzw. -modelle und ihre Anwendung schlüssig dargelegt werden können

- Gutachterliche Prüfung, in der sowohl die Qualifikation als auch die Motivation und die persönliche Eignung kritisch beleuchtet werden
- Überprüfbare Kunden-Referenzen
- Verpflichtung auf Ethik-Richtlinien (u. a. zum Ausschluss der Mitgliedschaft in Sekten)
- Nachweis der erfolgreichen Tätigkeit als Coach, wobei Mitglieder ja nach Erfahrung und Qualifikation eingestuft werden nach Kategorien bis zum „Senior-Coach“ oder „Lehr-Coach“ (Weiterbildungsanbieter)

Die Vereine verfolgen unterschiedliche Schwerpunkte. Einige ermöglichen auch Coaches in Ausbildung bereits eine – entsprechend eingestufte und ausgewiesene – Mitgliedschaft. Hier drei der großen Coaching-Verbände im deutschsprachigen Raum im Vergleich:

Deutscher Coaching Verband (DCV)
Dezidiert versteht sich der DCV als Kompetenz-Center für Coaches *und* Klienten. Er schreibt sich Vernetzung und Qualifizierung auf wissenschaftlicher Basis auf seine Fahnen. (www.coachingverband.org)

Deutscher Verband für Coaching und Training (dvct)
Wie der Name schon sagt, sind im mitgliederstarken dvct sowohl Coaches als auch Trainer organisiert. Dieser Verband verlangt zur Erteilung einer Zertifizierung auch ein „Live-Coaching“ bzw. „-Training“, auf das ein Feedback erfolgt. (www.dvct.de)

Deutscher Bundesverband Coaching (DBVC)
Gegründet 2004, hat sich der DBVC auf Business-Coaching fokussiert. Er vernetzt vier Partnerbereiche: Coaching, Wirtschaft bzw. Organisationen, Wissenschaft und Weiterbildung. Die vom DBVC gesetzten Standards haben eine Leuchtturm-Funktion und dienen als „Benchmarks" zur Orientierung auf dem Coaching-Markt. Dementsprechend hoch sind die Eingangsvoraussetzungen des DBVC für Coaches: Zu den Mindestanforderungen für eine Zertifizierung zählen u. a. ein abgeschlossenes Studium und die Empfehlung durch zwei Mitglieder. (www.dbvc.de)

Der ehrbare Coach kann seine Befähigung belegen: Seine Website besticht durch Fakten und Referenzen. Er führt einen ordentlichen Geschäftsbetrieb und ist in einem anerkannten Coaching-Verband zertifiziert. Das Erstgespräch sollte kostenfrei sein. 30

Den guten Coach zeichnen sechs Schlüsselkompetenzen aus: Praxis-, Sozial-, Selbst-, Theorie-, Feld- und Methodenkompetenz. Diese hat er in einer qualifizierten Coaching-Ausbildung (mindestens 200 Stunden) nach einem relevanten Studium erworben, durch professionelle Selbsterfahrung wie etwa Supervision und durch eigene längere Leitungserfahrung. Sektenmitgliedschaft und Esoterik sind ein No-Go!

30 MINUTEN

Woran erkennen Sie mit größtmöglicher Sicherheit „Ihren" Coach?

Seite 38

In welchen Phasen läuft der optimale Coaching-Prozess ab?

Seite 44

Wann wäre ein Online-Coaching vielleicht das Format der Wahl?

Seite 55

3. Ziel, Weg, Lösung: Ein kluger Prozess

Sie wissen inzwischen Bescheid über das Format „Coaching“ an sich und kennen auch die Kriterien, nach denen Sie unter den vielen Anbietern schon grob die Spreu vom Weizen trennen. Und doch werden Sie erst im persönlichen Erstgespräch vor die Frage gestellt: Ist die Frau oder der Mann, der oder dem ich da gegenübersitze, wirklich *mein* Coach? Coaching ist Vertrauenssache! In diesem Kapitel erfahren Sie, wie Sie sicher sein können, mit dem oder der Richtigen zum „Handschlag“ zu kommen – und wie es danach zwischen Ihnen im Idealfall weitergeht. Jeder gute Coaching-Prozess gliedert sich vom Start bis zum Schluss oder anders gesagt von der Problembeschreibung bis zur Problemlösung (und deren Umsetzung im Alltag!) in fünf Phasen, die Sie als Kunde kennen sollten. Nicht immer einfach ist es dann, den optimalen Zeitpunkt zur Beendigung des Coachings zu finden oder besser: zu spüren. Das gilt im Prinzip auch für das neue Format Online-Coaching – auch das schauen wir uns natürlich genauer an. Auf geht’s!

3.1 Stimmt die Chemie? Vom Erstkontakt zum Handschlag

Spielen wir den idealtypischen Verlauf der Anbahnung eines Coachings – von der Recherche im Internet bis zum „Handschlag“ – einmal konkret durch. Klar, die Details mögen im „richtigen“ Leben variieren, und vielleicht finden Sie Ihren Coach auch nicht im World Wide Web, sondern auf eine persönliche Empfehlung hin, doch die Kernpunkte, auf die es ankommt (und auf die Sie unbedingt achten sollten), werden anschaulich.

Drei Websites von zehn der überaus zahlreichen Coaches in Ihrer Region, die Sie sich im Netz schließlich näher angesehen haben, machten auf Sie einen guten Eindruck. Auf die eine fiel Ihre erste Wahl, weil da schon das Honorar ausgewiesen war, und Sie griffen zum Telefon. Die Stimme war Ihnen gleich sympathisch, Sie konnten Ihr Anliegen kurz, aber in Ruhe ansprechen und fühlten sich durch zwei, drei treffende Rückfragen spontan verstanden. Ein Termin zum – kostenfreien! – Erstgespräch wurde nicht etwa „sofort für morgen“ (was kein gutes Zeichen gewesen wäre), sondern für Ende der kommenden Woche vereinbart. Eine Bestätigung per E-Mail folgte noch am selben Tag, zusammen mit einer Beschreibung der Anfahrt und einem Hinweis zum Parken.

Willkommen

Heute ist es so weit. Die fürsorgliche Wegweisung war hilfreich, weil das Navi die Umleitung nicht wusste. Am

Firmenschild haben Sie gleich das Haus erkannt, wo Ihnen jetzt in diesem Moment die Türe geöffnet wird. Offenen Blickes begrüßt man Sie mit Namen: „Haben Sie gut hergefunden?", und Sie werden durch ein gepflegtes Ambiente in den Raum geleitet, in dem das Erstgespräch und die vielleicht folgenden Coaching-Sitzungen stattfinden werden. Auf dem kleinen Besprechungstisch, an dem Sie auf einem der beiden übereck stehenden Sessel Platz nehmen, stehen schon eine Karaffe mit Wasser und zwei Gläser bereit, gegenüber ein Flipchart, daneben ein Regal mit Fachbüchern, an der Wand vielleicht etwas Kunst, gute Beleuchtung – die Atmosphäre ist sachlich und zugleich freundlich: Sie fühlen sich wohl.

Auftakt

„Worum geht es?", eröffnet Ihr Gegenüber das Gespräch, und Sie legen Ihre Situation dar. Rasch zeigt sich, dass Ihr potenzieller Coach eine Grundfertigkeit seines Handwerks beherrscht: Er hört Ihnen zu, und zwar aktiv. Das heißt, er fragt hier und da nach, wiederholt kurz (das heißt, er paraphrasiert), was er gehört und verstanden hat. Das gibt Ihnen die Gelegenheit, ihn darin zu bestätigen oder zu korrigieren. Er macht sich, mit Ihrem Einverständnis, dazu einige Notizen. Im Verlauf Ihrer Schilderung – sagen wir hier einmal beispielhaft: des Konflikts mit Ihrem Vorgesetzten – überrascht er Sie mit folgender Anmerkung: „Diese brüske Ablehnung Ihrer Idee machte Sie regelrecht hilflos." Damit

trifft er den Nagel gleich zweimal auf den Kopf: Präzise benennt er nicht nur die Sache, um die es ging, sondern auch Ihre Emotionen (das heißt, er verbalisiert sie), die Ihnen bis zu diesem Moment noch gar nicht so klar bewusst waren! Dabei fühlen Sie sich keineswegs entblößt, sondern mit Respekt, Wertschätzung und auf Augenhöhe behandelt. Kaum 15 Minuten sind vergangen und das Problem liegt auf dem Tisch.
Doch auch das folgende Szenario ist jetzt denkbar: Der Coach offenbart Ihnen, dass er für Sie der Falsche ist! Denn wie an anderer Stelle schon einmal gesagt: Kein Fachmann beherrscht jedes Thema gleich gut. Dies zu erkennen und zu bekennen, zeichnet einen professionellen Coach in besonderer Weise aus. Schade, dass es für Sie mit ihm im konkreten Fall leider nicht passt. Merken Sie sich dennoch den Namen – für eine ehrliche Weiterempfehlung!

Auftragsklärung

Nehmen wir aber an, die Passung ist gegeben: „Wenn wir jetzt schon am Ende des Coachings stünden, was wäre erreicht, damit Sie sagen könnten, es war ein Erfolg?" Mit dieser „um die Ecke" gestellten Frage offenbart Ihr – immer noch potenzieller – Coach gekonnt seinen systemischen Ansatz. Denn anders als bei „normalen" W-Fragen (Wie? Was? Warum?) geht es beim systemischen Fragen nicht primär um den Erkenntnisgewinn des Fragenden. Systemisches Fragen dient vielmehr dazu, den Gesprächspartner auf neue Möglichkei-

ten aufmerksam zu machen, zum Nachdenken anzuregen und die eingefahrenen Bahnen zu verlassen (www.karrierebibel.de/systemisches-fragen/). Das weckt Ihre Fantasie zur notwendigen Zielvorgabe für die vor Ihnen liegende Arbeit. Diese ähnelt ja in vielem einer gemeinsamen Reise, erinnern Sie sich? „Coach" kommt ursprünglich von „Kutscher" – und nicht dieser, sondern der Fahrgast (das sind Sie) benennt das Ziel der Fahrt! Der Coach sorgt für ein sicheres Ankommen.
Die Bestimmung eines Coaching-Ziels im Rahmen der Auftragsklärung ist daher unerlässlich, damit der ganze Prozess funktioniert. Das heißt nicht, dass sich dieses Ziel im Verlauf der Bearbeitung des Problems nicht noch einmal verschieben kann, wenn zum Beispiel neue Erkenntnisse gewonnen wurden oder die Situation am Arbeitsplatz sich plötzlich ändert. Der Fall ist, was der Fall ist, und Coaching passiert mitten im Leben!

Fakten-Check

Schon jetzt haben Sie einen ersten Eindruck davon gewonnen, ob Ihr Coach seine Sache versteht. Doch bevor es mit dem Kontrakt (dazu mehr im folgenden Abschnitt) zum „Schwur" kommt, fühlen Sie ihm noch mit einem Fakten-Check kurz, aber knackig auf den Zahn – mit Ihrem hier erworbenen Wissen und diesen Fragen:

- nach seiner Ausbildung, Zertifizierung, Erfahrung und der Zugehörigkeit zu einem Coaching-Verband

- nach seinem Konzept und seinen Methoden (Vorsicht bei esoterisch anmutendem Wort-Geschwurbel ...)
- nach dem Menschenbild, das seinem Konzept zugrunde liegt (Achtung: die Zugehörigkeit zu einer Sekte ist, wie Sie wissen, ein Ausschlusskriterium!)

Kontrakt

Durch den Fakten-Check sind Sie sicher, dass die Eigenwerbung auf der Homepage mit den Aussagen übereinstimmt, die Ihr Coach Ihnen „live" präsentiert hat. Nachdem auch das Coaching-Ziel – in einer ersten Formulierung – benannt ist, geht es im nächsten Schritt um den sogenannten Kontrakt, also um die Festlegung der Bedingungen, zu denen der Auftrag erteilt und angenommen wird. Dazu gehören im Wesentlichen:

- Honorar pro Stunde (in der Regel 60 Minuten) und Zahlungsweise, also etwa die Überweisung eines Schlusshonorars oder Teilzahlungen
- Frequenz der Sitzungen (meist anderthalb bis zwei Stunden) und Schätzung der voraussichtlichen Dauer des Coachings
- Klärung des Verfahrens bei Absage oder Ausfall von Terminen
- Übereinkunft zum Ort, an dem die Coaching-Sitzungen stattfinden (normalerweise in der Praxis des Coachs oder – im Falle eines betrieblich veranlassten Coachings – manchmal auch im Unternehmen)
- Klärung, wem (und was) über das Coaching berichtet wird, wenn dieses im Auftrag Ihrer Firma erfolgt

- Zusicherung von absoluter Vertraulichkeit und Datenschutz, was etwa die Speicherung von personenbezogenen Daten betrifft

Diese Kernpunkte sollten in der Vereinbarung – die auch mündlich getroffen werden kann – festgehalten werden. Auf dieser Grundlage wird der Vertrag über das Coaching geschlossen. Teil dessen sollten die Allgemeinen Geschäftsbedingungen (AGB) sein, die Ihr Coach möglichst schon auf seiner Website ausgewiesen hat und Ihnen jetzt vorlegt (vgl. www.menne-coaching.de/agb/). Darin ist auch die gesetzliche Haftung des Coachs für seine Arbeit geregelt.

Über die Annahme von Paketen

Sollten Sie sich als Selbstzahler (anders liegt der Fall, wenn Ihr Unternehmen die Maßnahme in Auftrag gibt und bezahlt) auf die Abnahme eines festgeschnürten Pakets von Coaching-Stunden einlassen? Ich selbst biete Privatkunden diese Möglichkeit gar nicht erst an, doch Sie können durchaus ein Kontingent von Sitzungen vereinbaren, denn jeder Vertrag ist nach § 627 BGB grundsätzlich vorzeitig kündbar, wenn bzw. weil der Coach als Dienstleister „ohne in einem dauernden Dienstverhältnis [zu Ihnen] mit festen Bezügen zu stehen, Dienste höherer Art zu leisten hat, die auf Grund besonderen Vertrauens übertragen zu werden pflegen", so der genaue Wortlaut des Gesetzestextes. Das ist in aller Regel der Fall. Gut, wenn beide Seiten darüber Bescheid wissen, das aussprechen bzw. schriftlich festhalten!

Nichts überstürzen

Noch ein wichtiger Punkt: Schlafen Sie ruhig noch ein, zwei Nächte darüber, bevor Sie Ja sagen und das Coaching mit dem sprichwörtlichen Handschlag (per E-Mail-Zusage etwa) besiegeln. Wenn Ihr Gegenüber damit nicht einverstanden ist und Sie zum Ende des Gesprächs sogar bedrängt, beenden Sie die Sache kurz und schmerzlos. Dann heißt es für Sie „Zurück auf Los" – mit dem guten Gefühl, eine wertvolle Erfahrung gemacht zu haben und keinem Bauernfänger auf den Leim gegangen zu sein!

30 *Stimmen die Selbstaussagen des Coachs auf der Website mit denen im Erstgespräch überein? Der persönliche Eindruck zählt! Ziel- und Auftragsklärung setzen den Rahmen, in dem – nach einem Fakten-Check von Konzept, Methoden und Erfahrung – der Kontrakt geschlossen wird. Dem liegen klare Allgemeine Geschäftsbedingungen (AGB) zugrunde.*

3.2 Start, Lauf, Ziel, Transfer, Check: Das 5-Phasen-Modell

Sie haben sich nun entschieden und mit Ihrem Coach den Kontrakt geschlossen. Was bisher schon über die

Vorphase der Anbahnung der Zusammenarbeit gesagt wurde – „Chemie"-Check, Skizzierung des Anliegens und Formulierung des (vorläufigen) Coaching-Ziels –, wird nun vertieft in der ersten von insgesamt fünf Coaching-Phasen, den denen der Prozess klassischerweise abläuft. Ein solches „5-Phasen-Modell" findet sich in verschiedenen Coaching-Konzepten, wie etwa in dem von Rauen und Steinhübel (vgl. www.coaching-report.de/definition-coaching/coaching-ablauf/coach-modell.html), auf das ich hier nur ein Schlaglicht werfe:

- **Phase 1: Come together** – Klient und Coach finden zusammen, die Fundamente für den Prozess werden gelegt.
- **Phase 2: Orientation** – Jetzt wird das Vorgehen geklärt. In dieser Phase kommt häufig das Coaching-Ziel noch einmal auf den Prüfstand.
- **Phase 3: Analysis** – Die Analyse stellt den Blick auf das Anliegen „scharf", nicht selten werden nun Randprobleme zu Kernthemen.
- **Phase 4: Change** – Die eigentliche Bearbeitung beginnt und damit der „Change", sprich: die Veränderung auf das Ziel hin.
- **Phase 5: Harbour** – Nach erfolgreich bewältigten Etappen laufen Coach und Coachee am Ende ihrer Reise in den sicheren „Hafen" ein.

Doch was genau passiert im Verlauf jener Etappen, und wie gelingt – inhaltlich und methodisch – im besten aller Fälle am Ende der „Change"? Vor allem aber: Wie wird die Umsetzung der gewonnenen Lösung dann im Alltag gesichert? Um Ihnen diesen Prozess ganz praktisch vor Augen zu führen, stelle ich Ihnen folgend ein „sportlich" erweitertes 5-Phasen-Modell vor, anhand dessen Sie alle Einzelschritte vom Start über Lauf, Ziel und Transfer bis hin zum Check („Was hat das Coaching nachhaltig bewirkt?") konkret nachvollziehen können:

1. Start

Vom Start weg – zu dem all das gehört, was bereits im Erstgespräch formal und thematisch vorgeklärt und mit ein paar Strichen umrissen wurde – geht der Coach zügig an die Bildung inhaltlicher und methodischer Arbeitshypothesen. Im Dialog mit seinem Klienten wird er diese fortwährend überprüfen. Oft liegen hinter den „Oberflächenthemen" (Rauen und Steinhübel, ebd.) ganz andere Probleme verborgen. So könnte das Oberflächenthema zum Beispiel lauten: „Wie kann ich mein Zeitmanagement als Führungskraft verbessern? Selbst zehn Stunden am Tag reichen mir für die Arbeit nicht aus!" Dahinter könnte eine ängstliche Scheu, zu führen, verborgen sein. Statt Aufgaben an den „schwierigen" Mitarbeiter klar und konsequent zu delegieren, wird dessen Job stillschweigend miterledigt, weil man so Konfrontation und Konflikt vermeidet – was dann allerdings das eigene Zeitmanagement über den Haufen wirft … An einem Punkt wie diesem kann sich das Coaching-Ziel noch einmal ändern. Schritt für Schritt festigt sich das Arbeitsbündnis zwischen Coach und Coachee, je weiter das gemeinsame

Gespräch in dieser Erkundungsphase vordringt zu jenen Zonen, in denen „die wahre Wahrheit" (Golo Mann im Interview mit Heinrich Breloer im TV-Film „Die Manns") zu finden ist. Dort können dann ehrlich geäußerte Bedürfnisse zu Zielen formuliert werden und neu gehobene Ressourcen zu Möglichkeiten führen. Besonders in dieser Phase kommt es – wie im gesamten Verlauf des Coachings – auf die „richtigen" (systemischen) Fragen an, mit denen die Fantasie des Klienten angeregt wird, um ihn eben dadurch von der Problemfokussierung zur Lösungsorientierung zu führen. Je präziser dabei die Beschreibung des Problems gelingt (das Wort „Problem" stammt übrigens aus dem Griechischen und heißt wörtlich übersetzt „zur Lösung vorgelegt"), desto leichter gelingt es, den Weg zur – im Problem stets verpuppten – Lösung zu finden!

2. Lauf

Rasch entfaltet auf diese Weise der Prozess seine eigene Dynamik, und Coach und Coachee befinden sich unversehens im Lauf, ohne schon die Zielgerade im Blick zu haben: Ob sie miteinander einen Halbmarathon oder nur eine Mittelstrecke zu bewältigen haben, wird sich noch zeigen. In dieser Phase des „eigentlichen" Coachings (wie oft von Klienten empfunden) sind bereits einzelne Themenstränge identifiziert, die nun – priorisiert – bearbeitet werden.

Jetzt werden die Stadionrunden der Methoden eingeläutet, mit deren Einsatz der Coach auf das, was die

Kollegen Rauen und Steinhübel den „Change" nennen, hinwirkt. Ob der Klient den Impuls, den ihm ein Coaching-Tool (im nächsten Kapitel lernen Sie einige Klassiker kennen) vermittelt, dann auch tatsächlich zur Veränderung von Glaubenssätzen, Deutungen und Verhalten nutzt, steht nicht in der Macht des Coachs: Erinnern Sie sich an das, was eingangs über „das Systemische" gesagt wurde! Sehr wohl aber ist von ihm eine breite Methodenkompetenz verlangt, die ihm erlaubt, zielsicher die richtige Wahl zu treffen. Denn das Problem bestimmt die Methode, nicht umgekehrt! Pech für den Kunden, wenn der Coach nur einen Hammer in seinem Werkzeugkasten hat: Dann sieht jedes Problem wie ein Nagel aus ...

Ebenso wie ein Mangel an Methoden bzw. eine unzureichende Methodenkenntnis kann sich auch die sogenannte „Tool-Gläubigkeit" eines Coachs auf den „Lauf" des Prozesses auswirken: Viel hilft nicht immer viel, und manchmal besteht die „Methode" nur darin, Pausen und Stille miteinander auszuhalten – um einen bedeutsamen Moment zu würdigen, in dem sich Erkenntnis ereignet und Veränderung anbahnt.

Der gute Coach wird darum den Sokratischen Dialog als Grundmethode des „eigenverantwortliches Denken, Reflektieren und Selbstbesinnung anregenden" Fragens und Antwortens begreifen. Als „Hebammenkunst" verstand ihr Vater, der Philosoph Sokrates (469–399 v. Chr.) sein Vorgehen. Denn damit verhalf er Menschen dazu, ihre eigenen Ideen und Gedanken zu „gebären".

Und wie vor zweieinhalbtausend Jahren nutzt der entsprechend geschulte Coach noch heute das sokratische Fragen, um „Strukturen und Verhaltensmuster sichtbar, das eigene Denken und Handeln verstehbar und damit auch veränderbar werden“ zu lassen. (Quelle der Zitate des letzten Absatzes: de.wikipedia.org/w/index.php?title=Sokratisches_Gespr%C3%A4ch&oldid=171905927)

3. Ziel

Coach und Coachee laufen auf diesem Streckenabschnitt nun in den „Zielraum“ (Rauen, 2005, S. 434) ein. Was immer der Anlass für das Coaching war – die Klärung des Konflikts mit dem Vorgesetzten, die Abwägung von Chancen und Risiken beim gebotenen Karrieresprung, die Überprüfung der bisherigen Berufsrolle, die Erweiterung des eigenen Verhaltensrepertoires als Führungskraft, die Integration eines Scheiterns: Veränderte Perspektiven haben sich aufgetan. Gewandelte Deutungen haben ins Freie geführt. Tragfähige Kriterien für die große Entscheidung wurden gefunden. Neuer Sinn hat sich aus alten Träumen erschlossen.
Diese Entwicklung wurde ermöglicht, indem „das Neue“ nicht bloß erdacht, sondern im Probesaal des Coachings auch erlebt werden konnte, während die Aufführung des Lebens, um es einmal musikalisch zu sagen, ja weiterging: Schon im Berufsalltag wurden Impulse aus dem Prozess aufgegriffen, konnten Veränderungen eingeübt werden. Erkundet wurden diese in Rollenspielen

und Begegnungen mit dem eigenen „inneren Team“ (eine Methode, die Sie noch kennenlernen werden) der vielen Anteile der Persönlichkeit, die etwa im schwierigen Mitarbeitergespräch alle mitspielen: Überraschend fand hier zum Beispiel „die gute Tochter“ einen neuen Platz und konnte „der Chefin“ entspannt die Führung überlassen ... Was vorher undenkbar war, durfte als ideale Lösung endlich einmal fantastische Gestalt annehmen: Erst ihr mutiges Erscheinen auf der Bühne der eigenen Vorstellungen bereitete den Aufritt der realen Lösung vor – attraktiv und kraftvoll, weil sich die beiden ganz unerwartet als Cousinen mit doch einiger Familienähnlichkeit erwiesen.

Mit der Erfahrung solcher Wahrheiten und Möglichkeiten erweiterte sich der Spielraum. Vielleicht veränderte sich damit unterwegs auch noch einmal das Coaching-Ziel, das den Weg in den „Harbour“ (Rauen und Steinhübel, a. a. O.) gewiesen hat, nach der alten Weisheit des antiken Philosophen Seneca (1–65 n. Chr.): „Dem Seemann, der seinen Hafen nicht kennt, weht kein Wind günstig.“

Als Steuermann auf der gemeinsamen Reise hat der Coach den Coachee – der Eigner seines Lebensschiffs und dessen Kapitän in einer Person ist – kundig begleitet und schließlich als Lotse für einen sicheren Zieleinlauf in den Hafen gesorgt. Jetzt wird es Zeit für ihn, von Bord zu gehen. Dieser Abschied aber muss sorgfältig vorbereitet sein, damit er als leicht und sicher erlebt wird: Noch steht der Coach in der Verantwortung für den Prozess, in dem der Coachee in seiner Verantwortung für das Ergebnis bis hierhin gelangt ist. Eine letzte Strecke ist noch zu bewältigen: der Transfer des „Change" – mit der soliden Verankerung der Veränderungen im Alltag.

4. Transfer

Eine Entscheidung zu treffen, ist (relativ) einfach, wenn man sich denn über seine Kriterien im Klaren ist. Diese Entscheidung dann aber auch umzusetzen, stellt einen noch einmal vor andere Herausforderungen. Jetzt kommen Kosten und Nutzen, Aufwand und Ertrag, Chancen und Risiken der angestrebten Veränderung noch einmal genau auf den Prüfstand. Betrachten wir als Beispiel die Entscheidung für den Wechsel auf eine neue Stelle in eine andere Stadt. Hier stellen sich Fragen wie diese:

- Welche Nebeneffekte hat der der Umzug (zum Beispiel für die Familie oder auch für ein am bisherigen Wohnort gepflegtes Hobby)?
- Wer könnte (aus welchen Gründen auch immer) Einspruch erheben?
- Passen neben der konkreten Aufgabe auch die Werte und die Kultur des neuen Unternehmens zum Kodex der eigenen Vorstellungen?

Hier geht es um die innere und äußere Verträglichkeit der Umsetzung von Zielen. Deren Ökologie-Check kann ganz zum Schluss noch einmal die dann alles entscheidende Frage aufwerfen: Will ich das wirklich? Ob sich

diese Frage aber tatsächlich erst nach dem Ziel-Einlauf stellt oder (wie nach meiner Erfahrung in den meisten Fällen) schon kurz davor, ist zweitrangig – Hauptsache, sie kommt aufs Tapet.
Ist diese Frage geklärt, gehört es zu einem gelingenden Transfer von Veränderungen in jedem Coaching dazu, nun nach den Bedingungen und Mitteln zu fragen, unter denen bzw. mit deren Hilfe die konkreten Maßnahmen zur Umsetzung der Veränderung optimal getroffen werden können. Nehmen wir hier einmal das Beispiel des Wechsels von einer bisher nebenberuflichen in die hauptberufliche Selbstständigkeit. Folgende Stichworte würden hier fallen:

- Geschäftsidee, Marktanalyse, Konkurrenzsituation
- Businessplan, eigenes Startkapital, ggf. Kreditzusage
- Räumlichkeiten, Geschäftsausstattung, Personal
- Launch, Akquise-Maßnahmen, Zeitplan

Die Ausformulierung dieser Stichworte ist dann nicht mehr Gegenstand des Coachings, sondern vielleicht Sache einer Fachberatung. Damit ist nun der Punkt erreicht, an dem es für Coach und Coachee gilt, die Zusammenarbeit mit einer abschließenden Bewertung durch Rückschau und Ausblick zu beenden.

5. Check

Wenn das Coaching ein Erfolg war, dann muss man doch eigentlich nicht mehr über die gelungene Zusammenarbeit sprechen, oder? Da bin ich anderer Ansicht!

Und sollte das Coaching durch ein Unternehmen oder eine Organisation in Auftrag gegeben worden sein, ist eine Schlussrunde – selbstverständlich mit dem Einverständnis des Coachee – in der Regel Pflicht. Da wird gefragt:

- Wurden die Ziele erreicht und Erwartungen erfüllt?
- Gibt es Empfehlungen für die weitere Entwicklung?
- Was kann die Firma tun, um den Erfolg zu sichern?

Oft werden Coach und Klient noch einmal getrennt um ihre Einschätzung gebeten. Meist erzeugt die systematische Auswertung eine Win-win-Situation für alle Beteiligten – Personalabteilung, Coach und Coachee – an der Maßnahme, „über deren Erkenntnisgewinn und Kosten-Nutzen-Bilanz Rechenschaft abgelegt werden kann“ (Fischer-Epe, 2006, S. 222). Das Coaching wird gewürdigt und sein Erfolg strahlt auch auf die Personaler im Unternehmen ab. Viele Coachees erleben die Investition der Firma in ihr Coaching inzwischen eher als Auszeichnung denn (wie noch vor Jahren) als „Nachhilfe“ – und der Coach darf künftig wieder mit Aufträgen rechnen sowie mit einer guten Referenz.

Doch auch für Privatkunden lohnt der Check, den manche Coaches mit einem Feedback-Bogen vorbereiten, auf dem Klienten dann einzelne Leistungen auf einer Skala von 1 bis 10 bewerten können. Andere bieten offene Fragen wie diese, mit denen eine abschließende Selbstreflexion angestoßen wird:

- **Zielfokus:** Welche meiner Ziele habe ich erreicht? Haben sich einige Ziele im Verlauf des Coachings noch einmal geändert?
- **Wirkung:** Welche Wirkungen erwarte ich in den kommenden zwölf Monaten? Bin ich auf Barrieren oder persönliche Grenzen in dem Coaching gestoßen? Blieben wichtige Themen unbearbeitet?
- **Qualität:** Wie habe ich die Qualität des Coachings erlebt? Welche Methoden haben für mich funktioniert, welche nicht – und warum nicht? Gab es Hemmnisse oder Störungen?
- **Ausblick**: Wie sehen meine nächsten Schritte aus? Auf wessen Unterstützung kann ich ggf. in den kommenden sechs Monaten zählen?

Selbstverständlich profitiert der Coach ebenfalls von der Evaluation seines Tuns. Auch deshalb biete ich meinen Kunden ein halbes Jahr nach Beendigung des Coachings ein kostenfreies Nachgespräch von einer Stunde an, in dem wir gemeinsam eine Bilanz ziehen, was das Coaching nachhaltig gebracht hat. Einige Klienten schreiben mir über Jahre hinweg immer mal wieder eine E-Mail, in der sie mir kurz berichten, wohin sie ihr Weg nach dem Coaching geführt hat – und immer noch weiterführt: Das ermöglicht mir Langzeitbeobachtungen, aus denen ich enorm viel über die Wirkung meiner Arbeit lernen kann. Gerade die präzise formale Beendigung eines evaluierten Coachings ist ein wichtiger Faktor für seinen Erfolg, sprich seine Wirkung – einer

Stärkung der Selbstorganisation des Klienten. Schon von daher ist der folgende Satz nicht nur Geld, sondern Gold wert: „Der beste Coach ist der baldmöglichst überflüssige Coach!"

Der Coaching-Prozess läuft üblicherweise in fünf Phasen ab: Ziel- und Problembeschreibung (Start), Problembearbeitung bei adäquatem Methodeneinsatz und „Change" (Lauf), Problemlösung und Umsetzungsstrategie (Ziel), Maßnahmenplanung und „Ökologie-Prüfung" (Transfer) sowie Evaluation des Coachings und Nachgespräch (Check). 30

3.3 Online-Coaching: Sonderfall oder neuer Standard?

Immer häufiger werden neben dem klassischen Coaching im „analogen" Setting des persönlichen Gegenübers inzwischen auch digitale Formate als Online-Coachings angeboten. Noch hat sich diese Arbeitsweise nicht flächendeckend durchgesetzt, doch ist sie definitiv auf dem Vormarsch. Grund genug, um sie folgend in Grundzügen darzustellen.

Manche Coaches verstehen unter „Online-Coaching" schlicht eine Beratung per Telefon, E-Mail oder Skype. Für Prof. Dr. Elke Berninger-Schäfer, Senior-Coach (DBVC) und Inhaberin des Karlsruher Instituts, bringt das den Begriff aber noch nicht auf den Punkt: „Für mich gehört zu einem professionellen Online-Coaching die Multimedialität" (Coaching-Magazin, 1/2018, S. 20). Das heißt, der Coach muss – orientiert am Klienten und seinem Fall – zwischen verschiedenen Medien wählen können, und zwar „in datengesicherten virtuellen Räumen" (ebd.). In diesen stehen dem Coach Online-Tools zur Verfügung, mit denen Methoden des „normalen" Coachings digital umgesetzt sind. Das setzt eine hohe Medienkommunikationskompetenz voraus, welche die (hier in Kapitel 2.2 dargestellten) Schlüsselkompetenzen ergänzt. Kann aber eine virtuelle Begegnung das persönliche Gegenüber vollwertig ersetzen?

„Coaching-on-demand"

Fakt ist, dass die Nachfrage nach Online-Coaching vor allem in der Welt der Wirtschaft steigt – etwa in Formaten wie „Coaching-on-demand", so Berninger-Schäfer, mit denen ein Coaching jederzeit abrufbar ist: „Der Klient [kann] unmittelbar in einen virtuellen Raum gehen, in dem er den Coach trifft" (ebd.). Und sie ist überzeugt: „Dies wird – auch in Verbindung mit Selbst-Coaching – die Normalität sein, während Face-to-Face-Coaching die exklusive und besondere Variante sein wird" (ebd.). Fakt ist aber auch, dass vieles, was da unter „Coaching" firmiert, sich dann oft in der Realität als Training bestimmter Techniken, etwa der Gesprächsführung für Führungskräfte, darstellt. Und ob „Selbst-Coaching" tatsächlich als ein veritables Coaching-Format anzusehen ist, ist durchaus zu bezweifeln: Niemand kann (sich) selbst im eigenen System coachen. Und kann ich mir selbst ein Sparringspartner sein? Jedenfalls können virtuelle Denkanstöße, digitaler Input von Wissen und seine Anwendung sehr nützliche Bausteine sein, die in einem Coaching die Prozessarchitektur sinnvoll ergänzen. Ob das Coaching dann in medialer, d. h. mittelbarer, oder unmittelbarer persönlicher Begegnung geschieht, ist letztlich zweitrangig. Wir dürfen gespannt sein, ob sich Coach und Coachee in Zukunft womöglich einmal als Hologramme gegenübersitzen, wer weiß?

Wenn der persönliche Eindruck stimmt, erfolgen nach einem Fakten-Check (Konzept, Methoden 30 ***und Erfahrung) im Erstgespräch Ziel- und Auftragsklärung und es wird ein Kontrakt geschlossen. Der somit gerahmte Coaching-Prozess verläuft klassischerweise in fünf Phasen:***

1. Ziel- und Problembeschreibung
2. Problembearbeitung
3. Problemlösung und Strategie
4. Maßnahmenplanung und „Ökologie-Prüfung"
5. Evaluation

Der Coaching-Prozess – von der Anbahnung über die Durchführung bis zur Nachbereitung – kann prinzipiell auch online gestaltet werden. Eine sinnvolle Alternative kann die Ergänzung der analogen Arbeit durch digitale Module sein.

30 MINUTEN

Wenn nachts die gute Fee käme – was wäre morgens wohl anders?

Seite 60

Warum fallen Entscheidungen oft leichter zwischen zwei Stühlen?

Seite 65

Wieso lohnt es sich, mitten im Leben die eigene Grabrede zu schreiben?

Seite 74

4. Methoden-Check: Was wirkt wie?

Jedem Coaching – egal ob sich Coach und Klient persönlich begegnen oder im virtuellen Raum verabreden – liegt ein Arbeitsprinzip zugrunde, das sich mit vier Worten beschreiben lässt: öffnen, klären, anregen, lösen. Als Metamethode bereitet das vertrauensbildende Gespräch den Boden – und kultiviert ihn, auch für den Einsatz passgenauer Tools im weiteren Prozess. Bei der Auswahl seiner Werkzeuge lässt sich der kundige Coach dabei von sogenannten Wirkfaktoren leiten (vgl. Theresa Wechsler in Rauen, 2018, S. 11ff.). Wenn es da etwa um den Transfer der Lösung für ein Problem mit dem Team geht, spielt der Wirkfaktor Umsetzungsunterstützung meist eine große Rolle. Hier kann der Coachee jene Personen imaginativ befragen, welche die Veränderungen, die er als Führungskraft demnächst einführen will, vielleicht fördern oder hemmen könnten. Dazu setzt er sich einfach mal nacheinander auf deren Stühle – und lässt sie selbst sprechen ... Schauen wir uns an, wie das funktioniert!

4.1 Richtig fragen: Zirkulär, ausnahmsweise, wundervoll

Folgend stelle ich Ihnen klassische Fragetechniken vor – unspektakulär, meinen Sie? Auf den ersten Blick mag Ihnen das Fragen als „scheinbar harmlose Methode“ (von Schlippe, Schweitzer, 2010, S. 40) vorkommen. Doch handelt es sich bei (den richtigen) Fragen um hochwirksame Interventionen! Denn es ist praktisch „unmöglich, Fragen zu stellen, ohne damit zugleich bei den befragten Personen eigene Ideen anzustoßen“ (ebd.).

Zirkuläres Befragen

Sie stehen vor der schwierigen Entscheidung über einen Jobwechsel: Die neue Firma hat ihren Sitz in Hamburg – Sie wohnen in Ulm. Oder Sie sind unsicher, ob die von Ihnen geplante Neuerung im Team auf Widerstände stoßen wird. Wie wäre es, wenn Sie die Beteiligten einfach mal fragen könnten, was sie zur Sache zu sagen haben? Diese Möglichkeit eröffnet Ihnen die Methode des „Zirkulären Befragens“ der Betroffenen, und zwar ohne dass diese anwesend sein und Sie die Katze schon aus dem Sack lassen müssen! Um dieses Kunststück zu vollbringen, stellt Ihr Coach *Ihnen* die Frage, was Kollege Meier wohl zu der geplanten Umstrukturierung zu sagen hat (diese dyadische Frage bringt Sie und Herrn Meier in einen inneren Dialog). „Und was, denken Sie, würde Frau Müller zu Herrn Meier über die Sache sagen ...?“ (Mit dieser triadischen Frage gleichen Sie Ihren Blick auf Ihr Vorhaben mit der Sicht zweier weiterer Personen ab.) Ihr Coach setzt nach: „Was meinen Sie, von wem könnten im Team die meisten Vorbehalte eingebracht werden?“ (Mit dieser klassifizierenden Frage klären sich Prioritäten.) „Was macht Herr Schmidt, wenn sich sein Zuständigkeitsbereich ändert?“ (Diese Frage zielt auf Folgen Ihres Vorhabens ab.) „Warum, glauben Sie, ist Frau Meier noch skeptisch?“, will Ihr Coach wissen (und regt Sie damit an, nach einer Erklärung aus dritter Sicht zu fragen). „Wer außer Ihnen sieht die Sache so wie Sie?“ (Mit dieser Frage nach Zustimmung identifizieren Sie mögliche Partner.)

Der systemische Kniff: Perspektivwechsel

Mit dieser Methode erfassen Sie das Problem in seinem Kontext – und nehmen unterschiedliche Perspektiven ein: Das ist sozusagen der systemische Kniff. Der ermöglicht Ihnen eine multiperspektivische Zusammenschau vieler Aspekte. Dabei klären sich auch eigene (noch unbewusste) Vorstellungen sowie Haltungen und Meinungen im Beziehungsgefüge, zum Beispiel am Arbeitsplatz. Auf diese Weise gewinnen Sie ein Mehr an Informationen und können Chancen und Risiken Ihrer Entscheidung oder Ihres Vorhabens klarer einschätzen. Vor allem aber kommen Sie auf Ideen, wie Sie die Sache am besten anpacken.
Nach meiner Erfahrung lässt sich der ohnehin erstaunliche Effekt des Zirkulären Befragens noch einmal stei-

gern, wenn Sie bei der Durchführung der Methode den Platz wechseln und sich konkret auf einen zweiten Stuhl setzen – nämlich den Stuhl von Herrn Meier (und danach auf den von Frau Müller usw.) – und sich in der „Ich-Form" aus deren Blickwinkel zur Sache äußern. Ich garantiere Ihnen, dass dabei auch der Spaß nicht zu kurz kommt, womit ganz nebenbei ein weiteres Qualitätsmerkmal guten Coachings benannt ist: eine feine Prise Humor.

„Ausnahmsweise" fragen

Die nächste Fragetechnik ist recht simpel und zugleich von enormer Leuchtkraft – weil sie den blinden Fleck erhellen kann bei der (bisherigen) Betrachtung des Problems. Hier lautet die Frage: Gibt es Situationen – oder Anlässe, Verhaltensweisen, Personen-Konstellationen –, in denen das Problem nicht oder in abgeschwächter Form auftritt?

Auch die Ausnahme-Frage gehört zur Familie der systemischen Fragen, denn sie klärt innere (Gedanken, Gefühle) und äußere (Fakten) Zusammenhänge. Zugleich steckt in so mancher Ausnahme schon ein verborgener Lösungsansatz – manchmal auch in der Vergangenheit: „Wie war das damals, als mir dieselbe Sache, die mir heute derart massive Schwierigkeiten macht, noch so leicht von der Hand ging?"

Jetzt kann es darum gehen, verschüttete Ressourcen wiederzuentdecken und Schätze der Vergangenheit in die Gegenwart zu tragen – oder um es mit Marty McFly, dem Helden der gleichnamigen Science-Fiction-Komödie, zu sagen: „Zurück in die Zukunft"! Dazu wird Ihr Coach seine Fragen nach gelingenden Ausnahmen derart variieren, dass zum Beispiel konkrete Unterschiede zur aktuellen Problemsituation deutlich werden oder besondere Umstände hervortreten, unter denen das Problem verschwand oder gar nicht erst auftrat. Und weil Veränderung sowohl das Ziel als auch der Weg im Coaching ist, findet die Methode vielleicht ihren Abschluss mit der Frage nach der nächstbesten Gelegenheit: Wenn Sie die gelungene Ausnahme im Jetzt erproben, können Sie ganz einfach erleben, ob sie denn praktisch auch etwas taugt. In der Management-Literatur ist das spielerische Herangehen an die Lösung eines Problems übrigens als „Delphinstrategie" bekannt, denn es geht darum, wie diese klugen Tiere „offen für alles zu sein, was funktioniert" (de.wikipedia.org/w/index.php?title=Delphinstrategie&oldid=176411095).

Die „Wunderfrage"

Es gibt Situationen in einem Coaching, da ist der Klient mental blockiert. Das kann zu Beginn der Fall sein beim Versuch das (von jenen „Oberflächenthemen" überlagerte) Ziel zu greifen. Oder erst nach einigen Sitzungen, wenn der Coachee – obwohl ihm das Ziel längst klar vor Augen steht – zögert, einen Weg zur (eigentlich ersehnten) Veränderung auf das Ziel hin zu erkunden: „Mir fehlt einfach jede Fantasie, wie ich dahin kommen könnte." Dann kann es buchstäblich lösend wirken, die folgende Frage zu stellen: „Nehmen wir einmal an, in der Nacht würde ein Wunder geschehen, während Sie tief und fest schlafen: Was hätte sich am anderen Morgen verändert – woran würden Sie merken, sehen und spüren, dass das Problem verschwunden wäre?"

Frei aller Denkanstrengungen – denn ein Wunder ist ja geschehen! – ereignet sich dann oft im nächsten Moment die Vision des Vorstellbaren. Im Kopfkino des Klienten (das „wie von selbst angeworfen" wird) läuft plötzlich ein ganzer Film ab: „Ich bin voller Energie aufgestanden und glücklich zur Arbeit gefahren, denn ich sitze nicht mehr an diesem Schreibtisch. Mein Platz ist wieder im Labor! Ich bin zwar keine Führungskraft mehr und verdiene weniger, doch endlich bin ich wieder bei meiner Sache – kann als Experte, der ich doch eigentlich auch als Manager immer geblieben bin, wieder technische Entwicklungen vorantreiben. Die Probleme mit dem Team, die ich als Chef jahrelang hatte, sind Schnee von gestern: Ich bin wieder selbst Mitglied des Teams – und als Fachmann auf meinem Gebiet zugleich mein eigener Herr!"

Der Fall ist nicht konstruiert, ich habe dem Kunden (einem Ingenieur) in meiner Praxis persönlich gegenübergesessen und auf dem Gesicht von Herrn F. – wie auf dem so manches Klienten bisher – die Verblüffung gesehen, als die „Wunderfrage" plötzlich alle Bedenken über den Haufen warf und die gedankliche und tatsächliche Neuorientierung ermöglichte. Der Weg vom Chefsessel zurück ins Labor war für Herrn F. jedoch kein leichter: Am Ende führte er ihn zu einem anderen Arbeitgeber.

Eine spannende Variante der Wunderfrage ist übrigens die „Lottofrage“. Hier erscheint das Wunder in Gestalt der Lotto-Fee, die den befreienden Gewinn aber nur unter einer Bedingung wie Sterntaler vom Himmel regnen lässt: Der Klient muss weiterarbeiten – was, wie und in welchem Umfang, ist egal! Mit diesem „Trick“ gelingt die Projektion des idealen Wunsches auf die Leinwand einer realistischen Gegenwart und Zukunft besonders scharf und farbenprächtig.

30

Fragen sind mächtige Coaching-Tools: Sie können den Problemkontext ausleuchten („Zirkuläres Befragen“) oder einen Perspektivwechsel durch die Suche nach Ausnahmen einleiten („Ausnahmsweise“). Wenn alles blockiert ist, werfen imaginative Fragen das Kopfkino an und beflügeln die Fantasie („Wunderfrage“). Fragen wirken problemlösend, indem sie verschüttete Ressourcen freilegen.

4.2 Strukturiert klären: Mit Kurven, Rollen und Stühlen

Ein weiterer wichtiger „Wirkfaktor“ (vgl. Wechsler, a. a. O.) im Coaching ist die „Erlebnisaktivierung“. Diese kann durch Methoden gefördert werden, mit denen das innere oder äußere Geschehen buchstäblich auf die Bühne gebracht wird. Dort wird, unter der Regie des „theatererfahrenen" Coachs, inszeniert, was an Komödien oder Dramen im Büro oder im Kopf momentan abläuft – oder was früher einmal aufgeführt wurde, mit Nachwirkungen bis heute. Als Requisiten reichen zwei Stühle, ein Flipchart oder die „Bretter" des Fußbodens der Coaching-Praxis, auf denen nun nach- oder richtiger aufgestellt wird, was an Problemkonstellationen im (inneren oder realen) Team gerade geboten wird: Nehmen Sie Platz und werden Sie zum Beobachter lehrreicher Prozesse – wieder geschildert an Fallbeispielen, um die Methoden praxisnah zu veranschaulichen.

Die Lebensfieberkurve

Manchmal überkommen Herrn W. Momente der Traurigkeit und Mutlosigkeit – auch im Coaching: Der Weg zum Ziel (eine Spezialisierung als Webdesigner) ist eigentlich klar. Doch immer dann, wenn er wieder neuen Anlauf nimmt, erste konkrete Schritte zu formulieren, „hängt da etwas wie bei der alten Schallplatte mit dem Kratzer aus meiner Sammlung", seufzt er. Von dem plastischen Bild lasse ich mich spontan bei der Auswahl der passenden Methode leiten – ich schlage Herrn W. die „Lebensfieberkurve" vor. Denn was da „hängt" (wie die Grammofon-Nadel in der Rille einer Schellackplatte) und die Entwicklung im Jetzt hemmt, liegt wohl in der Vergangenheit!
Auf dem Flipchart zeichne ich die waagerechte Linie eines „Zeitstrahls" und lasse darüber und darunter jede

Menge Freiraum. Nun bitte ich Herrn W., sein Leben – von der Schule bis heute – Revue passieren zu lassen und auf dem (noch) leeren Blatt die Höhepunkte und Tiefpunkte seines Arbeits- und Privatlebens zu setzen. Rasch füllt sich das Blatt: vor 20 Jahren das Grafik-Examen an der FH, dann der „Ausflug“ in die freie Kunstszene, das Scheitern beim Versuch, in die Selbstständigkeit zu gehen. Vor acht Jahren die Gelbsucht, gleich nach der Hochzeit. Nachdem die Zwillinge auf die Welt gekommen waren, gelang mutig der Sprung in die Agentur ... So entsteht allmählich ein Bild, das dem bekannten Zickzack eines Börsendiagramms ähnelt – oder eben dem einer „Lebensfieberkurve“!

Bald schon offenbaren sich Muster, Wiederholungen und Charakteristika an markanten Punkten: Was im Privaten „wie von selbst fluppte“, gelang in der Arbeit nie ohne die ausdrückliche „Erlaubnis“ – mit den Worten von Herrn W. – „von Autoritäten“. Wenn diese aber ausblieben, wurde vieles schwierig, ja unmöglich, und manches scheiterte sogar. Dabei taten elterliche Glaubenssätze, die Herr W. in der Kindheit zu hören bekam, ihr Übriges: „Gehe immer den untersten Weg“, riet ihm sein Vater schon früh ...

Lebensphasen und ihre Aufgaben

Was im Coaching nun folgte, war die Betrachtung allgemeiner Lebensphasen und typischer Entwicklungsaufgaben, die sich uns allen im Laufe unseres Werdens stellen. Herr W. gewann eine freundlichere Sicht auf sein früheres Scheitern, aktualisierte die Deutung seines heutigen Potenzials als der Erwachsene (der er „eigentlich ja" schon lange geworden war, wie er lächelnd bekannte) – und pfiff fortan auf jede „Erlaubnis" zu beruflichem Wachstum. Zugleich begriff er die gewiss fürsorglich gemeinte, aber hemmende Projektion von Ängsten seines Vaters (aufgewachsen noch im Zweiten Weltkrieg) auf ihn selbst – und ordnete auf diese Weise sein Verhältnis zu seinem Vater noch einmal neu. Die anschließende Skizze einer Roadmap für seine Spezialisierung als Webdesigner war für Herrn W. dann ein Klacks.

Das Innere Team

Auch die nächste Methode eignet sich hervorragend, wenn Integrationsmaßnahmen (denken Sie sich die Anführungszeichen mit) auf der Tagesordnung stehen. Und auch hier setze ich als Coach auf die Kraft des Erzählens statt etwa auf tiefschürfendes „Psychologisieren" – was in einem Coaching ohnehin ein Tabu ist. Ich unterstütze meinen Klienten dabei wieder durch eine klare Strukturierung durch Visualisierung: im vorliegenden Beispielfall mit einigen Kärtchen, die Herr N. jetzt gerade auf dem Fußboden meiner Praxis vor sich ausbreitet.

Darauf hat er zuvor die Namen seines „Inneren Teams" notiert – das sind (ihm schon gut bekannte) Anteile der Persönlichkeit, die in verschiedenen Rollen im beruflichen Alltag immer wieder zutage treten. Mit diesen

geht es nun an den Start eines schwierigen Mitarbeitergesprächs: Das ist das Stück, das in der folgenden Stunde gespielt werden soll.
Herr N. ist 48 Jahre alt und Inhaber einer Versicherungsagentur mit acht Angestellten. Immer wieder hat er in Personalgesprächen mit Mitarbeitern damit zu kämpfen, mit der nötigen Autorität aufzutreten. Obwohl er doch der Chef ist, fühlt er sich dabei oft unsicher. Ja, er hat – „kurioserweise“, wie er meint – manchmal sogar Probleme damit, „ernst zu bleiben“ im Verlauf einer Unterredung.

„Der Klassenclown“ in der Chef-Rolle

Drei von neun Kärtchen sind inzwischen auf dem Parkett verteilt, irgendwo im Mittelfeld hat es sich „Der Chef“ bequem gemacht. Links von ihm steht „Der Versicherungsfachmann“ ein bisschen im Abseits. Nach vorne drängelt sich gerade „Der Klassenclown“. Flankiert wird dieser von zwei weiteren Mitgliedern des „Inneren Teams“: „Der gute Sohn“ und „Der kleine Bruder“ machen die Vorhut. Als alle Karten in ihrer ersten Position liegen, bitte ich Herrn N., die Bühne zu betreten. Und das ist wörtlich gemeint: „Stellen Sie sich bitte direkt auf die Karte desjenigen Persönlichkeitsanteils, der nun als Erster zu Wort kommen soll (es ist „Der Klassenclown“), und antworten Sie in der Ich-Form auf meine Fragen“, lautet meine Regie-Anweisung. Was jetzt folgt, wiederholt sich mit allen Mitgliedern des „Inneren Teams“: Ich frage den „Klassenclown“, (1) was er brauche, um seine

Rolle als Klassenclown optimal zu spielen, und (2) was er geben könne, um als Klassenclown in der konkreten Situation des schwierigen Mitarbeitergesprächs zu dessen Gelingen wirksam beizutragen.
Das klingt verrückt? Was in aller Welt soll denn ein „Klassenclown" wohl schon zum Erfolg eines Mitarbeitergesprächs beitragen können? Was sich jetzt ereignet, ist überraschend: Der Klassenclown braucht gar nicht die Rolle des Chefs. Es ist dessen Abwesenheit an der Spitze, die den Klassenclown erst in die Hauptrolle drängt! Er überspielt damit eine Verlegenheit. „Eigentlich fühle ich mich da vorne auch gar nicht wohl", bekennt er und verrät, worin seine genuine Zuständigkeit besteht: „Ich kann für Entspannung sorgen, wenn es mal gar zu ernst wird und Humor allen guttäte." Mit diesem Satz tritt der Klassenclown in den Hintergrund, findet seine neue Position (und adäquate Rolle) und wird ein wertvolles Mitglied der Mannschaft.

Am Ende sind alle Plätze neu verteilt

Damit ist das Prinzip, nach dem die Methode des „Inneren Teams" funktioniert, beschrieben: Alle Persönlichkeitsanteile offenbaren nacheinander ihre Stärken und treten in einen Dialog miteinander. Am Ende sind alle Plätze neu verteilt: der Situation und Aufgabe angemessen. Auf diese Weise werden aus störenden Anteilen funktionale Ressourcen: „Der Chef" – und damit die ganze Person – findet mit allen Anteilen der Person zu einem stimmigen Verhalten. Das von Friedemann

Schulz von Thun erdachte Modell macht intrapersonale Dynamiken bewusst, die auch interpersonal in Teams vorkommen (vgl. www.schulz-von-thun.de/die-modelle/das-innere-team). Als systemische Methode taugt das „Innere Team" hervorragend zur Lösung verschiedener Problemstellungen (Rollen, Konflikte, Entscheidungen) – und sie verhalf auch Herrn N. zu echter Autorität im nächsten schwierigen Mitarbeitergespräch.

Positionsstühle

Wie das „Innere Team" gehört auch das folgende Tool zu den psychodramatischen Methoden, die dem Klienten nicht bloß ein Nachdenken *über* etwas, sondern das Erleben *von* etwas – einer konkreten Situation im Jetzt – ermöglichen: Das schafft eine enorme Klarheit und Sicherheit.

Frau D. steht als Leiterin einer IT-Abteilung und junge Mutter vor einer schweren Entscheidung, und zwar zwischen gleich drei Möglichkeiten, „vor einem richtigen Trilemma!", wie sie es treffend nennt: Soll sie nach der bald endenden Elternzeit (1) wieder auf ihre volle Stelle als Führungskraft gehen – und die Betreuung ihres Sohnes für zehn Stunden am Tag Dritten überlassen? Oder soll sie (2) in Teilzeit gehen – was mit ihrer bisherigen Position als Chefin der Abteilung unvereinbar ist? Oder soll sie (3) sich auf ihrem Fachgebiet selbstständig machen – was ihr einerseits Zeitsouveränität schenken würde, aber auch mit hohen finanziellen Risiken behaftet wäre? Frau D. hat „tausend Gespräche" mit Verwandten und Freunden geführt (und ebenso viele Pro-und-Kontra-Listen erstellt), um am Ende gar nicht mehr aus dem Grübeln herauszukommen.

Drei Stühle, drei Möglichkeiten

Jetzt sind wir zum Coaching verabredet, und Frau D. weiß aus dem telefonischen Vorgespräch, dass sie von mir (anders als von ihren Verwandten und Freunden) keinen Ratschlag erhalten wird. Stattdessen habe ich für sie drei Stühle vorbereitet, die jeweils für eine der möglichen Entscheidungen stehen – dazu einen bequemen Sessel, auf dem sie gerade Platz genommen hat. Ich erläutere ihr das Setting und frage: „Für welchen der drei Stühle entscheiden Sie sich zuerst?" Die Antwort kommt wie aus der Pistole geschossen: „Vollzeit" – und ich versetze Frau D. in die folgende Situation: „Von dem Moment an, in dem Sie sich gesetzt haben, vergehen noch genau fünf Sekunden und Ihre Entscheidung für diese Option fällt."
Schon sitzt Frau D. auf dem „Vollzeit"-Stuhl, die Hände im Schoß, die Schultern gebeugt, den Blick ins Leere ... Noch bevor die fünf Sekunden um sind, sagt sie trocken: „Das geht gar nicht. Auf gar keinen Fall!" Spürbar erleichtert folgt sie sofort meiner Einladung, wieder auf ihrem „Sicherheits-Sessel" Platz zu nehmen – nur dort wird das auf den Stühlen Erlebte reflektiert! „Was war los?", will ich wissen. „Es war, als ob ich mich auf einen Eisblock setzen müsste", entfährt es Frau D. – das hätte ich nicht gedacht. Das war in dem Augenblick absolut

klar: Den Kleinen abends vielleicht nur für eine halbe Stunde zu sehen, wenn er schon hundemüde ist, und sonst nur am Wochenende? Das will ich nicht! Dabei hatte ich gemeint, ich müsste das machen …“

Klare Entscheidung, machbare Strategie

Am Ende der Sitzung fällt Frau D. eine differenzierte, aber glasklare Entscheidung: Sie wird für maximal zwei Jahre in Teilzeit in die Firma zurückkehren und auf ihre bisherige Position als Leitungskraft verzichten. In diesen zwei Jahren wird sie – von der Geschäftsidee über den Businessplan und die Gespräche mit der Bank – ihre Selbstständigkeit als IT-Beraterin vorbereiten.
Im Feedback erklärt sie mir, wie es dazu schließlich kam: „Stuhl für Stuhl habe ich mich der Entscheidung genähert – und als ich dann selbst mein breites Grinsen auf dem Positionsstuhl der Selbstständigen bemerkte, da wusste ich ganz genau, was ich eigentlich will!“

30

Strukturiert klären durch Reflexion und Erlebnis: Nach diesem Prinzip funktionieren psychodramatische Tools. Mit ihnen gelingt es, Problem und Lösung nicht nur kognitiv zu erfassen, sondern auch emotional zu spüren. Das „Versetzen“ in unterschiedliche Positionen und Rollen, unterstützt von Visualisierungen, ermöglicht eine klare Vorstellung von dem, was ist, was sein soll – und sein kann.

4.3 Zielorientiert lösen: Fenster, Grabrede, Reframing

Geht es darum, zielgerichtet einen Lösungsweg zu erkunden, dann ermöglichen die folgenden Methoden ein Zusammenspiel der Wirkfaktoren (vgl. Wechsler, a. a. O.) der „Ergebnisorientierten Selbst- und Problemreflexion", der „Zielklärung" und der „Ressourcenaktivierung". In vier Schritten gelangt der Coachee vom Ideal zur Wirklichkeit mit dem „Lösungsfenster". Vom Ende her gelingt mit dem Schreiben der eigenen Grabrede die Entdeckung dessen, was im eigenen Leben wirklich zählt. Und nicht selten erscheint mit der Ansicht des Problems in einem neuen Rahmen zugleich dort dessen unerwartete Lösung. Anhand von Fallbeispielen wird wieder greifbar, wie's funktioniert!

Das Lösungsfenster

„Am liebsten würden ich meinen Schreibtisch packen und mit ihm zusammen auf einen Berg in eine einsame Almhütte ziehen!", ruft Frau L. mit glänzenden Augen und wirft die Arme in die Luft ... Träume wie dieser sind nicht nur erlaubt, sondern erwünscht, wenn der Ausblick durch die vier Scheiben des Lösungsfensters lockt: Denn nur von der „idealen Lösung" her richtet sich der Blick am Ende auf die „reale Lösung". Seitenblicke erkunden dabei zunächst „äußere Lösungen" und „innere Lösungen", wie das folgende Schaubild illustriert:

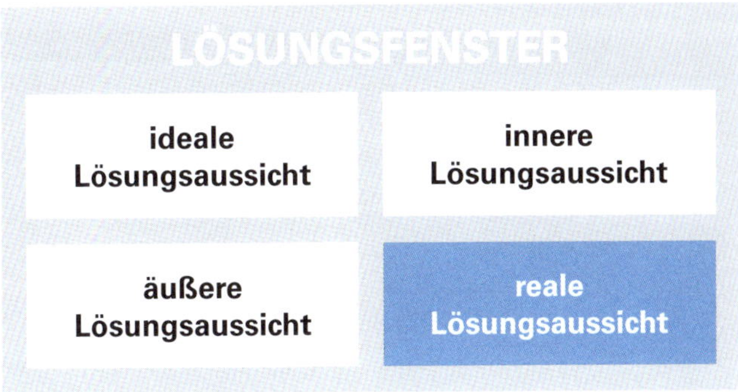

Abb. 2.: Lösungsfenster

Ausdrücklich habe ich Frau L. – eine Journalistin – beim Einstieg in die Methode ermutigt, auch „verrückte" (ja sogar illegale!) Fantasien zuzulassen: Gerade an ihnen lassen sich sogenannte „psychische Indikatoren" (Pallasch, Petersen, 2005, S. 130) am deutlichsten ablesen. Damit sind „die überdauernden, elementaren, fundamentalen und existenziellen Bedürfnisse und Einstellungen einer Person gemeint" (a. a. O., S. 128), ohne deren Berücksichtigung und Würdigung keine echte, also tragende Lösung verwirklicht werden kann: Es sind unsere geheimen Wünsche, verschütteten Hoffnungen und verborgenen Sehnsüchte, die uns den Weg ins Freie weisen!

Berg und Hütte stehen für Bedürfnisse

Im Falle von Frau L. stehen der Berg und die Hütte für ihre Bedürfnisse nach Unabhängigkeit und Selbstbestimmung sowie für ihre Wünsche nach Konzentration

und Ungestörtheit, deren Erfüllung sie an ihrem jetzigen Arbeitsplatz in einem lärmigen Großraumbüro schmerzlich vermisst. Hier fühlt sie sich permanent daran gehindert, „in Ruhe einen klaren Gedanken zu fassen" – und damit auch ihr wahres „Schreib-Potenzial" voll zu entfalten.
Bald wird klar, dass innere Lösungen („Ich schalte meine Ohren auf Durchzug und finde mich irgendwie damit ab") für sie ebenso wenig taugen wie äußere Lösungen, die sie schon ausprobiert hat: etwa das Tragen von Ohrstöpseln oder der Schutzwall aus Büchern, den sie auf ihrem Schreibtisch um sich herum aufgebaut hat. Und da ist noch mehr: Schon lange träumt Frau L. davon, sich als Fachjournalistin einen Namen zu machen und ein Sachbuch zu schreiben – ein Vorhaben, zu dessen erfolgreicher Umsetzung ihr unter den derzeit gegebenen Bedingungen die Kraft fehlt.
Nach sieben Jahren in der Lokalredaktion ist Frau L. sich nun endlich sicher: Es ist Zeit für einen Wechsel – und zwar in ein neues Leben als Journalistin und Autorin für Verbraucherschutz-Themen. Ob sie diesen Plan im kommenden Jahr als „Freie" umsetzen kann oder als „Feste" in einem Verlag oder bei einem Fachmagazin, wird sich zeigen. Fest steht, sie wird es tun, denn sie weiß nun, was sie braucht und will.

Die eigene Grabrede schreiben

Theodor W. Adorno (1903–1969) kannte sich ziemlich gut aus mit Selbstverwirklichungen – ja, richtig gelesen: in der Mehrzahl! Von dem legendären Philosophen, Soziologen, Musiktheoretiker und Komponisten stammt das geflügelte Wort: „Es gibt kein richtiges Leben im falschen."

Herrn A. dämmerte diese fundamentale Erkenntnis (auch ohne Philosophiestudium) nach einem Burn-out, der ihn für drei Monate in die „Psychoklinik" brachte. Jahrelang hatte er sich „abgerackert" als Einkaufsleiter eines Weltkonzerns der Luxusuhrenbranche – „doch für was?!" Ein halbes Jahr nach Abschluss seiner ärztlichen Behandlung hat sich der 59-Jährige für ein Coaching entschieden, um zu klären, wie es nun weitergehen soll.

„Das war schon herrlich zu sehen, wie internationale Kampagnen weltweit ‚ans Fliegen kamen' – dazu meine Reisen nach Japan oder in die USA und glamouröse Empfänge, bestes Essen, schicke Anzüge, tolle Uhren! Und natürlich ein Geschäftswagen der Oberklasse ...", blickt er schwärmend zurück auf jene turbulenten Jahre, die nun unwiderruflich für ihn vorbei sind: Den Auflösungsvertrag, der ihm – zurück im Büro – von seinem Arbeitgeber vorgelegt wurde, war ein Angebot, das er nicht ablehnen konnte. Und jetzt? „Es gibt schon die eine oder andere Offerte von der Konkurrenz, doch will ich wieder zurück auf den Jahrmarkt?", fragt sich Herr A. und ist selbst darüber erstaunt. Andererseits lockt ihn die Wiedererlangung der alten Privilegien. Und da ist auch die Sorge um sein künftiges Ansehen im Freundeskreis, ja sogar bei der eigenen Frau: „Wer bin ich noch ohne …" Hier versagt ihm die Stimme. Herr A. ist traurig, ratlos – und hin- und hergerissen …

Was im Leben wirklich zählt

Doch hinter seiner Traurigkeit verbirgt sich mehr als nur diese allein: Wahrnehmbar ist eine tiefe Trauer über das Verlorene und – im Erleben des Verlustes – eine Begegnung mit der eigenen Endlichkeit. Da stellen sich plötzlich Fragen, die bisher kaum eine Rolle spielten: nach Werten und dem, was in Wahrheit bleibt, wenn der Weg in der Welt endet und nicht bloß ein Arbeitsverhältnis. „Schreiben Sie doch Ihre eigene Grabrede", konfrontiere ich Herrn A. und führe damit jene Methode ein, die jetzt den Schlüssel bietet zum Aufschluss – im Wortsinne – dessen, was für Herrn A. im Leben wirklich zählt.

Die Wirkung ist verblüffend: Eine Woche, nachdem ich Herrn A. mit dieser „Hausaufgabe" aus der letzten Sitzung verabschiedet habe, sitzt er mir heute geklärt gegenüber und berichtet bewegt von seinen „Erfahrungen in der Dorfkirche, wo da nun mein Sarg stand, so wie schon zuvor der Sarg meines Vaters und der meines Großvaters". Und er hat einen Entschluss gefasst: „30 Jahre Schaulaufen sind genug!" Sein Hadern mit dem Verlust ist Dankbarkeit gewichen. Den Verlust verbucht Herr A. jetzt als Gewinn in seiner vorläufigen Lebensbilanz: „Ich werde die neue Freiheit nutzen, die mir die Abfindung geschenkt hat – ich muss nicht mehr arbeiten." In Zukunft will er aber auch nicht nur die

Hände in den Schoß legen, sondern sich ehrenamtlich engagieren (was es sein soll, wird er noch erkunden): „Ich will etwas zurückgeben." In der übrigen Zeit wird er zusammen mit seiner Frau „reisen und das Leben genießen" – die hatte übrigens Freudentränen in den Augen, als er ihr von seinen Plänen erzählte ...

Reframing

So wie das Schreiben der eigenen Grabrede, das den Lebenskontext in seiner Breite neu vermisst und in seiner Tiefe neu auslotet, gehört auch das Reframing wieder zu den systemischen Coaching-Tools. Doch wenn wir eben noch bei Herrn A. miterleben konnten, wie die ihn hemmenden Normen, Denkmuster und Glaubenssätze durch eine Vergegenwärtigung der eigenen Endlichkeit aktualisiert wurden, so können wir bei Frau Z. jetzt beobachten, wie deren Problem durch eine Verschiebung des Rahmens, in dem sie ihre Lage bisher wahrnahm, eine befreiende neue Deutung erfuhr – und damit verschwand.
Frau Z. erlebte ihre Versetzung als Stewardess einer großen Fluglinie in den Dienst am Boden als schwere persönliche Kränkung. Ein Jahr ist das nun her, jetzt sitzt sie vor mir.
An der Entscheidung ist nichts zu ändern. Und anders als Herrn A. wurde Frau Z. auch kein goldener Handschlag von ihrem Unternehmen geboten, mit dem sie sich elegant hätte in den Ruhestand verabschieden können – dafür fühlt sie sich auch wirklich noch zu jung mit ihren gerade mal 37 Jahren. Leider ist die Lage auf

dem Markt auch nicht so, dass sie problemlos zur Konkurrenz wechseln könnte: Sie ist froh, dass sie nicht zur Crew von Air Berlin gehörte und einen festen Job hat. Und doch ist sie seit der Versetzung „so durch den Wind“, dass ihr die Arbeit und das Leben keinen Spaß mehr machen: „Mir ist klar, dass ich was tun muss, auch wenn ich nicht weiß, was“, schließt sie ihren Bericht und schaut mich erwartungsvoll an ...

Welche Vorteile hat das Problem?

Die Problemlage, in der Frau Z. „feststeckt“, wie sie selbst sagt, ist in einem Coaching geradezu der klassische Fall für ein Reframing. Das entscheidende Kriterium für den Einsatz der Methode ist dabei: An der Faktenlage ist nichts zu ändern! Zugleich muss sich jedoch *etwas* ändern, damit Frau Z. mit ihrer Situation (besser oder sogar gut) leben kann: Ideale Voraussetzungen, meiner Klientin zwei – auf den ersten Blick – paradoxe Fragen zu stellen:

- Welche Vorteile bringt Ihre Versetzung für Sie?
- Welche Möglichkeiten tun sich damit für Sie auf?

Nach einem ersten Moment der Irritation lässt sich Frau Z. darauf ein, mein Angebot eines Perspektivwechsels anzunehmen, und findet zu folgenden – für sie überraschenden – Antworten:

- „Klar, zum ersten Mal habe ich täglich um fünf Uhr Feierabend ... Es gibt auch keinen Jetlag mehr wie bei den früheren Interkontinentalreisen. Das spüre ich schon auch gesundheitlich: Ich bin körperlich viel besser drauf. Und wie gesagt: Ich habe – anders als viele Kolleginnen – weiterhin ein festes und sicheres Einkommen!" (Vorteile)

- „Neu ist, ich kann mich jetzt auch mal spontan mit Freunden verabreden. Und regelmäßiger Sport treiben: Ich habe meine Umgebung ganz neu entdeckt ... In der Stadt gibt es ein reges Konzertleben – und einige Chöre: Ich habe früher gerne gesungen, vielleicht mache ich irgendwo mit? So was wie ein Hobby gab es ja früher nicht." (Möglichkeiten)

Die Liste, die jetzt im Verlauf unseres Gesprächs entsteht, wird immer länger. Irgendwann kommt Frau Z. dann zum für sie entscheidenden Punkt: „Mein Partner und ich haben bisher nie über Kinder nachgedacht, weil das für mich in meinem Beruf eigentlich keine Option war. Aber jetzt? Ich bin ja erst 37 ... Die Versetzung könnte für uns als Paar die Chance sein, doch noch Eltern zu werden."

Was ist – methodisch betrachtet – geschehen? Das Reframing ermöglichte Frau Z., ihr Problem in einem neuen Zusammenhang zu betrachten, zu deuten und zu bewerten, sprich: die Situation neu einzuordnen.

Der alte Rahmen (engl.: „frame") ihres Denkens und Fühlens wurde durch einen neuen Rahmen ersetzt (engl.: „reframing"), in dem das Problem mit seinen vielen Facetten jetzt als Chance mit ihren vielen Möglichkeiten erlebt und beurteilt werden kann.

Am Ende doch nur Selbstbetrug?
Die „kognitive Umstrukturierung“ kommt manchen wie eine „Gehirnwäsche“ vor: Handelt es sich da nicht um eine Art Selbstbetrug? Nicht, wenn die Vorteile und Möglichkeiten wirklich überzeugen! Das aber ehrlich zu prüfen, ist in einem Coaching die Kernaufgabe beim „Reframing“.

30 ***Alle Coaching-Methoden folgen einem Arbeitsprinzip in vier Schritten: öffnen, klären, anregen, lösen. Passgenaue Tools helfen, das Problem strukturiert zu bearbeiten. Grundmethode bleibt das vertrauensstärkende Gespräch. Darin spielen systemische Fragen stets eine Hauptrolle: Sie erhellen den Kontext des Problems und den blinden Fleck, um die Lösung im Problem selbst zu erkennen.***

Erlebnisorientierte Tools bringen das Problem auf die Bühne, wo in Rollenspielen Gedanken und Gefühle zum Ausdruck kommen. Lösungswege zeigen sich oft erst, wenn sie vom Ende her erkundet werden.

Der gute Coach muss über ein breites Repertoire an Methoden verfügen und deren Wirkung kennen: Hat er nur einen Hammer, sieht jedes Problem wie ein Nagel aus! Methoden bewirken keine Wunder, sondern heben Ressourcen. Nur in ihnen liegt das Potenzial zur Veränderung“ und ihrer Umsetzung.

Gutes Coaching: FAQ

Nachdem Sie nun schon über viel Fachwissen in Sachen „Coaching" verfügen, also

- Begriff, Geschichte und Gehalt des Formats kennen, um es von anderen Beratungsformen abzugrenzen,
- das „Systemische" betrachtet und seine Verankerung in einem Menschenbild erkundet haben,
- einen ehrbaren Coach auf Anhieb erkennen und wissen, welche Schlüsselkompetenzen er hat, und
- das 5-Phasen-Modell eines guten Coaching-Prozesses sowie wichtige Methoden kennengelernt haben,

will ich Ihnen auf der letzten Teilstrecke unserer gemeinsamen Fahrt durch die bunten Gefilde im Lande „Coaching" sieben Fragen an die Hand geben, die Sie auch als Prüfsteine betrachten können: Mit diesen können Sie als Kunde souverän Ihre sichere Entscheidung für oder gegen ein Coaching treffen. Meiner Auswahl zugrunde gelegt habe ich die Frequently Asked Questions (FAQ) – häufig gestellte Fragen – vieler meiner Klienten.

1. Brauche ich überhaupt ein Coaching?

Mit der präzisen Beantwortung dieser Frage stellen Sie die Weichen für den Erfolg eines Coachings – falls Sie denn eines brauchen! Geht es um die Klärung eines Problems im Spannungsfeld „Mensch–Arbeit"? Dann ist Business-Coaching das richtige Format. Geht es um

Fragen der privaten Lebensführung? Dann kommt ein „Life-Coaching“ in Betracht. Die Anführungsstriche weisen schon auf die schillernde Verwendung des Begriffs hin: Recherchieren Sie nach einem Gesprächspartner mit fundierter Expertise – zum Beispiel als Psychologe, Philosoph oder Theologe – oder nach einem systemischen Familienberater. Steht ein sachliches Problem mit Auswirkungen auf die Lebensführung (Schulden, juristische Auseinandersetzung usw.) im Vordergrund, bieten Fachleute wie Mediatoren und Anwälte durch Beratung konkrete Lösungen. Haben Sie ein psychisches Problem, vertrauen Sie sich einem Arzt an – und keinem Coach. (Mehr zum Thema in Kapitel 1.1.)

2. Welches Coaching ist das richtige?

Haben Sie die Fragen oben ehrlich beantwortet und sich für ein Business-Coaching entschieden, weist Ihnen Ihr eigener Eindruck von Ihrem Problem den Weg: Steht eine Entscheidung (vielleicht unter hohem Zeitdruck) an, ist ein Kurzzeit- oder Crash-Coaching die richtige Wahl. Erleben Sie als Führungskraft einen Teamkonflikt, klärt ein kontextuelles Coaching die Lage. Stehen Sie in einem Werte- oder Rollenkonflikt oder sind Karriere-Perspektiven zu reflektieren, ist das ein Fall für ein Personal-Coaching. Die Begriffe sind reine Hilfskonstruktionen, die aber nützlich sind, um bei der Recherche die passenden Filter zu setzen. Meiden Sie exotische (vor allem esoterische) Konzepte:

Gutes Coaching ist systemisches Coaching. (Mehr zum Thema in den Kapiteln 1.2 und 1.3.)

3. Welcher Coach ist der richtige?

Selbstverständlich sollte jeder Coach eine solide Ausbildung und eine Zertifizierung nachweisen können und sein Handwerk beherrschen. Ein wichtiges Kriterium für Ihre Entscheidung kann darüber hinaus aber eine einschlägige Organisations- und Feldkompetenz sein: Als Führungskraft in einer kirchlichen Institution oder in einer Non-Profit-Organisation wird Sie ein Coach besser verstehen, der sich dort auskennt. Vielleicht sind Sie ein Schöngeist? Dann könnte ein Coaching mit Kunst eine Option für Sie sein – ebenso wie für zahlenorientierte Klienten aus technischen Berufen, für die eine Begegnung mit einem Kunstwerk der „Eisbrecher" sein kann. Wie's funktioniert, steht auf meiner Website: https://www.menne-coaching.de/coaching/leistungen/kunst-coaching/. Hier zählt wie bei anderen erlebnisorientierten Settings („Seilschaften" bei Team-Coachings im Gebirge) eine spezielle Methodenkompetenz und Erfahrung. Zuletzt entscheidet Ihr Bauchgefühl, wem Sie sich anvertrauen.
(Mehr zum Thema in Kapitel 2.)

4. Kann ich mich nicht selbst coachen?

Der Büchermarkt ist voll mit Anleitungen zur Selbstoptimierung – und natürlich auch zum Selbstcoaching! Titel wie *Raus aus der Komfortzone* von Sabine Asgodom oder *Selbstcoaching* von Marion Fischer-Epe und ihrem Mann Claus bieten auch wertvolle Impulse zur persönlichen Entwicklung. Die Autoren teilen ihr Coaching-Wissen und machen es mit Übungen für ihre Leser praktisch handhabbar. Und doch können Selbsthilfebücher und Ratgeber nun einmal nicht das professionelle persönliche Gegenüber ersetzen, und niemand kann sich im eigenen System „coachen", wenn wir den Begriff ernst nehmen. Natürlich ist die Versuchung (zumal in Anbetracht der Kosten) groß, das anders sehen zu wollen – womit wir beim nächsten Punkt wären! (Mehr zum Thema in den Kapiteln 1.1 und 1.3.)

5. Warum ist Coaching so teuer?

Bei größeren Consulting-Firmen mit oft vielen Angestellten scheint der Fall auf der Hand zu liegen. Doch auch der freiberufliche Coach hat – Studium und Ausbildung nicht eingerechnet – laufende Kosten: Der Betrieb wertiger Räumlichkeiten, Material, Mitgliedschaftsbeiträge, Steuerberatung, Altersversorgung, Kranken- und betriebliche Versicherungen, Fortbildung, Supervision, Marketing, Kommunikation und IT etc. machen rund 50 Prozent des Umsatzes aus, mindestens ... Und bei einem moderaten Stundensatz von sagen wir nur einmal 115 Euro für Privatzahler – der aktuelle Coaching-Report listet Preise zwischen 100 und 350 Euro pro Stunde – müssen auf die verbleibenden 57,50 Euro natürlich noch Steuern gezahlt werden. Offerten, die unter diesem Niveau liegen, können nicht seriös sein. Von daher ist auch das angemessene Honorar eines Coachs ein wichtiger Prüfstein für Kunden. (Mehr zum Thema in den Kapiteln 2.1 und 3.1.)

6. Kann es sein, dass ich das Coaching abbrechen muss?

Falls Sie keinen billigen Jakob anheuern, ist die Gefahr eher gering – zumal, wenn Sie nach den Kriterien dieses Buchs vorgehen. Indikatoren dafür, dass Sie dennoch die Reißleine ziehen müssen, sind:

- Die Beziehung verschlechtert sich im Prozess und Ihr Coach reagiert gekränkt auf Ihr Feedback.
- Unsichere Anwendung von Methoden.
- Erotische Annäherungen und andere Distanzlosigkeiten.
- Der Prozess wird künstlich in die Länge gezogen.

Falls Sie ein mieses Gefühl haben: Zögern Sie nicht! (Mehr zum Thema in den Kapiteln 3.1 und 3.2.)

7. Was wird das Coaching bewirken?

Diese Frage sollte am Anfang der Suche stehen! Genauer: Was sollte das Coaching am Ende für Sie gebracht haben? Ein schärferes „Zielfernrohr“ als diese Frage gibt es nicht für eine treffsichere Wahl. Am Ende steht die Evaluation – Feedback, Ergebnis-Check und (kostenfreies) Nachgespräch. (Mehr zum Thema in den Kapiteln 3.1 und 3.2.)

Fast Reader

1. Alles Coaching, oder was?!

Im Kern versteht sich Coaching als Arbeitsbündnis auf Augenhöhe. Grundmethode ist die Ermöglichung von Veränderung, indem Potenzial beim Klienten freigelegt wird.
Anders als ein Berater oder Trainer erteilt ein Coach keinen Rat und gibt keine fertigen Lösungen vor. Er leistet dem Klienten Hilfe zur Selbsthilfe. Dieses Tun konzentriert sich in einem Business-Coaching stets auf das Spannungsfeld „Mensch–Arbeit". Darin werden Person und Problem in den „systemischen" Blick genommen, das heißt: Konstruktionen, sprich Vorstellungen des Klienten über seine Situation, werden im Kontext seiner sozialen Beziehungen beleuchtet. Gedanken und Gefühle werden reflektiert und auf das Veränderungsziel hin neu ausgerichtet.
Coaching gründet auf einem Menschenbild, das die Selbstkompetenz und Verantwortung des Kli-

enten bejaht: Der Mensch ist in jedem Moment frei, neu zu wählen.

Kennzeichnend für das Format „Coaching" sind darüber hinaus die folgenden Kriterien:

- ***Coaching ist klar von „Therapie" abgegrenzt.***
- ***Coaching ist immer ressourcen- und lösungsorientiert und zeitlich begrenzt auf eine überschaubare Anzahl von Sitzungen.***
- ***Coaching ist – auch wenn es betrieblich veranlasst ist – immer freiwillig und vertraulich.***
- ***Der Klient steht am Ende für sein Ergebnis ein.***
- ***Der Erfolg eines Coachings steht und fällt damit, ob es gelingt, dieses Ergebnis im Alltag umzusetzen.***

2. Schein oder Sein? Der erste Eindruck

Der „ehrbare" Coach führt einen ordentlichen Geschäftsbetrieb. Er hat kann seine Qualifikation nachweisen: Standards sind oft ein einschlägiges Fachstudium, eigene Führungserfahrung und eine fundierte Coaching-Ausbildung. Sicherheit geben dem Kunden die Zertifizierung des Coachs in einem anerkannten Berufsverband und belegbare Referenzen. Zu den Schlüsselkompetenzen eines guten Coachs gehören die Sicherheit bei der Anwendung von Methoden auf einem soliden Theorie-Fundament, insbesondere ausgewählter psychologischer Verfahren. Feldkompetenz und Wissen darüber, wie bestimmte Organisationen „ticken", sind für Klienten, die aus dem jeweiligen Umfeld stammen, besonders nützlich.

30 **Achten Sie als Kunde auf folgende Kriterien, um den „richtigen" Coach auszuwählen:**

- **Die Zugehörigkeit zu einer Sekte ist ein Ausschlusskriterium. Sortieren Sie auch esoterische oder heilpraktische Angebote aus.**
- **Meiden Sie „Alleskönner".**
- **Das Erstgespräch sollte kostenfrei sein. Kaufen Sie keine „Pakete", die Sie verpflichten: Sie können ein Coaching jederzeit beenden. Lesen Sie die AGB des Coachs.**
- **Holen Sie mehrere Angebote ein – oft stimmt der erste Eindruck: Am Ende entscheidet (wenn ansonsten alles Fachliche stimmt) Ihr Bauchgefühl.**

3. Ziel, Weg, Lösung: Ein kluger Prozess

Im Erstgespräch kommt es zur Formulierung eines vorläufigen Coaching-Ziels. Anschließend werden die Rahmenbedingungen besprochen (Honorar, Dauer und Frequenz der Termine usw.) und in einer Vereinbarung fixiert.

In fünf Phasen läuft nun der klassische Coaching-Prozess ab: Beim Start (1) werden das Ziel näher erkundet und das weitere Vorgehen geklärt. In der Phase der Bearbeitung beginnt der gemeinsame Lauf (2) auf das Ziel hin: Im Gespräch wird bei Einsatz passgenauer Methoden die Situation analysiert. In der genauen Beschreibung des Problems zeigen sich bereits Lösungsansätze. Diese werden einzeln verfolgt, geprüft und priorisiert: Möglichkeiten und Freiräume zur Veränderung zeichnen sich ab. Idealerweise gelingt es nun systematisch (und „systemisch“), Ressourcen und Potenzial zu heben. Beim Einlauf ins Ziel (3) wird die jetzt greifbare Lösung klar formuliert. Ob sie auch „machbar“ ist, wird im Transfer (4) geprüft: Hier geht es um die Umsetzung. In der Schlussphase wird beim Check (5) das Coaching evaluiert. Maßnahmen zur Sicherung des Erreichten werden erwogen.

30

Beherzigen Sie auf dem Weg vom Start bis zum Check folgende Punkte:

- ***Fällen Sie Ihre Entscheidung für einen Coach ohne jeden Druck.***
- ***Der Kontrakt kann mündlich geschlossen werden, eine kurze schriftliche Vereinbarung ist aber empfehlenswert.***
- ***Eine Lösung ist nur dann eine Lösung, wenn der Verstand und das Gefühl übereinstimmen – und Sie mit der Lösung dann auch leben können …***

4. Methoden-Check: Was wirkt wie?

Aller Methodeneinsatz folgt einem Arbeitsprinzip: öffnen, klären, anregen, lösen. Die Grundmethode ist das Gespräch. Bei der Auswahl von Tools lässt sich der Coach von „Wirkfaktoren" leiten, wie der „Erlebnisaktivierung" – eine Entscheidung zwischen drei Optionen trifft sich leichter auf drei getrennten Stühlen! Richtiges (wiederum systemisches) Fragen ermöglicht einen Perspektivwechsel und löst Denkblockaden. Dasselbe gilt für Verbildlichungen (Visualisierungen) und Rollenspiele, mit denen innere Anteile auf die Bühne kommen. Oft verschwindet ein Problem, indem man es in einem neuen Rahmen betrachtet (Reframing).

Für jeden Methoden-Einsatz gilt:

30

- ***Werden Sie skeptisch, wenn Ihr Coach unsicher bei Methoden ist: Sie können jederzeit aussteigen.***
- ***Methoden bewirken keine Wunder, sie heben Ressourcen: Da liegt das Potenzial für Veränderungen.***
- ***Top-Coaches kennen viele Tools. Und ihre Wirkung.***

Der Autor

Günter A. Menne, M. A., ist Senior-Coach (DBVC) und arbeitet seit 2007 in seiner Praxis in Rösrath bei Köln. Mehr als 20 Jahre war er Kommunikationschef eines Verbandes. Er ist Gutachter bei der Aufnahme von Coaches in den DBVC. Als Geisteswissenschaftler macht er auch Begegnungen mit Philosophie, Literatur und Kunst im Coaching fruchtbar. Er arbeitet mit Führungskräften, Teams und Privatpersonen in Verantwortung.

Kontakt:
Menne | Coaching
Auf dem Knippen 18
51503 Rösrath
Tel.: (02205) 911 983
Fax: (02205) 911 984
E-Mail: kontakt@menne-coaching.de
www.menne-coaching.de

Weiterführende Literatur

- Arnet, Felix Maria, *30 Minuten Gescheit scheitern*, Offenbach 2017.
- Berninger-Schäfer, Elke, *Online-Coaching wird die Normalität sein, Face-to-Face das Besondere* [Interview], in: Coaching-Magazin, 1/2018, S. 14–21.
- Fischer-Epe, Marion, *Coaching: Miteinander Ziele erreichen*, Reinbek bei Hamburg 2006.
- Foerster, Heinz von; Pörsken, Bernhard, *Die Wahrheit ist die Erfindung eines Lügners*, [Interviewband], Heidelberg 1998.
- Luhmann, Niklas, *Ökologische Kommunikation*, Opladen 1986.
- Luhmann, Niklas, *Soziale Systeme. Grundriß einer allgemeinen Theorie*, Frankfurt a. M. 1984.
- Maturana, Humberto; Varela, Francisco, *Der Baum der Erkenntnis. Die biologischen Wurzeln des Erkennens*, Goldmann, München 1987.
- Menne, Günter A., *Der Einsatz von Kunst im Coaching-Prozess*, in: Coaching-Magazin, 03/2015, S. 12–19.
- Pallasch, Waldemar; Petersen, Ralf, *Coaching: Ausbildungs- und Trainingskonzeption zum Coach in pädagogischen und sozialen Arbeitsfeldern*, Weinheim und München 2005.
- Rauen, Christopher, *Handbuch Coaching*, 3. erw. Aufl., Göttingen 2005.
- Schlippe, Arist von; Schweitzer, Jochen, *Systemische Interventionen*, 2. Aufl., Göttingen und Oakville (USA) 2010.

- Schreyögg, Astrid, *Grundlagen – Definition des Praxisfeldes Coaching*, in: Coaching als Profession, Deutscher Bundesverband Coaching e. V., Osnabrück 2007.
- Watzlawick, Paul, *Anleitung zum Unglücklichsein*, München 2009 [Erstausgabe 1983].
- Wolff, Ulrike, *Definition des Praxisfeldes Coaching*, in: Coaching als Profession, Deutscher Bundesverband Coaching e. V., Osnabrück 2010.

Websites (eingesehen am 17.09.2018)

- de.wikipedia.org/w/index.php?title=Delphinstrategie&oldid=176411095
- de.wikipedia.org/w/index.php?title=Ehrbarer_Kaufmann&oldid=180693715)
- de.wikipedia.org/w/index.php?title=Sokratisches_Gespr%C3%A4ch&oldid=171905927
- www.carlrogers.de/grundhaltungen-personenzentrierte-gespraechstherapie.html
- www.coaching-magazin.de/beruf-coach/feldkompetenz-im-coaching
- www.coaching-report.de/coaching-markt.html
- www.coaching-report.de/definition-coaching/coaching-ablauf/coach-modell.html
- www.coachingverband.org
- www.dbvc.de
- www.dvct.de
- www.karrierebibel.de/systemisches-fragen/
- www.schulz-von-thun.de/die-modelle/das-innere-team

Register